LINGO 基础培训教程

主　编　李汉龙　隋　英　韩　婷
副主编　李选海　王凤英
参　编　刘　丹　孙尚敏　付孝茂

国防工业出版社
·北京·

内 容 简 介

本书是作者结合多年 LINGO 教学实践编写的. 其内容包括 LINGO 介绍、LINGO 基础、LINGO 外部文件接口、LINGO 在数学规划中的应用、LINGO 多目标规划模型、LINGO 数学模型编程实例共六章. 书中配备了较多的实例, 这些实例是学习 LINGO 与数学建模必须掌握的基本技能. 同时在每章后面给出了大量的练习及其参考答案.

本书由浅入深, 由易到难, 可作为在职教师学习 LINGO 的自学用书, 也可作为数学建模培训班学生的培训教材.

图书在版编目(CIP)数据

LINGO 基础培训教程 / 李汉龙,隋英,韩婷主编. —北京:国防工业出版社,2021.1
ISBN 978-7-118-12200-8

Ⅰ.①L… Ⅱ.①李… ②隋… ③韩… Ⅲ.①数学模型-建立模型-应用软件 Ⅳ.①O141.4

中国版本图书馆 CIP 数据核字(2020)第 194722 号

※

国防工业出版社出版发行
(北京市海淀区紫竹院南路 23 号 邮政编码 100048)
三河市天利华印刷装订有限公司印刷
新华书店经售

*

开本 787×1092 1/16 印张 14¼ 字数 326 千字
2021 年 1 月第 1 版第 1 次印刷 印数 1—3000 册 定价 58.00 元

(本书如有印装错误,我社负责调换)

国防书店:(010)88540777　　书店传真:(010)88540776
发行业务:(010)88540717　　发行传真:(010)88540762

前　言

　　LINGO 是美国 LINDO 公司开发的一套专门用于求解优化问题的软件包. LINGO 提供了强大的语言和快速的求解引擎来阐述和求解优化规划模型, 以功能强、计算效果好、执行速度快著称, 是求解线性、非线性和整数规划模型的首选工具, 在国外运筹学类的教科书中也被广泛用作教学软件. 随着 LINGO 软件的不断开发, 尤其是 CALC 字段和子模型功能的出现, LINGO 的功能日益强大, 求解问题的领域日益广泛.

　　本书是以 LINGO 18.0 为基础, 结合作者多年 LINGO 教学实践编写的. 其内容包括 LINGO 介绍、LINGO 基础、LINGO 外部文件接口、LINGO 在数学规划中的应用、LINGO 多目标规划模型、LINGO 数学模型编程实例共六章内容, 以及如何利用 LINGO 做数学建模和常用 LINGO 系统函数索引.

　　本书从介绍 LINGO 软件开始, 重点介绍: LINGO 基础, 其中包含 LINGO 模型组成、LINGO 运算符与函数、LINGO 子模型及程序设计; LINGO 外部文件接口, 其中包含通过 Windows 剪贴板传递数据、LINGO 与文本文件传递数据、LINGO 与 Excel 文件传递数据、LINGO 与数据库传递数据; LINGO 在数学规划中的应用, 其中包含线性规划模型、整数线性规划模型、非线性规划模型; LINGO 多目标规划模型, 其中介绍了单目标规划模型和多目标规划模型; LINGO 数学模型编程实例, 其中介绍了 LINGO 编程基本格式、最小二乘法的 LINGO 实现、层次分析法的 LINGO 实现、数学建模应用实例 LINGO 实现等内容. 读者可以一步一步地随着作者的思路来完成课程的学习. 同时在每章后面作出归纳总结, 并给出一定的练习题和练习题答案. 书中所给实例具有技巧性而又道理显然, 可使读者思路畅达, 将所学知识融会贯通, 灵活运用, 达到事半功倍之效. 本书将会成为读者学习 LINGO 和数学建模的良师益友. 本书所使用的素材包含文字、图形、图像等, 有的为作者自己制作, 有的来自互联网. 使用这些素材的目的是给读者提供更为完善的学习资料.

　　本书第 1 章由王凤英编写; 第 2 章、第 3 章以及第 6 章由李汉龙编写; 第 4 章由隋英编写; 第 5 章由孙尚敏编写; 附录 Ⅰ 由刘丹编写; 附录 Ⅱ 由付孝茂编写; 参考文献及前言由韩婷编写. 全书由李汉龙统稿, 李汉龙、隋英、韩婷、李选海审稿. 另外, 本书的编写和出版得到了国防工业出版社的大力支持, 在此表示衷心的感谢!

　　本书参考了国内外出版的一些教材, 见本书所附参考文献, 在此表示谢意. 由于编者水平所限, 书中不足之处在所难免, 恳请读者、同行和专家批评指正.

　　本书是 LINGO 软件培训教程和数学建模学习辅导书. 本书由浅入深, 由易到难, 可作为在职教师学习 LINGO 软件和数学建模的自学用书, 也可以作为 LINGO 软件和数学建模培训班学生的培训教材.

编　者

2020 年 10 月

目 录

第1章 LINGO 介绍 ········· 1
1.1 LINGO 软件概述 ········· 1
1.2 LINGO 软件安装 ········· 2
1.3 LINGO 软件界面介绍 ········· 4
1.3.1 LINGO 菜单 ········· 4
1.3.2 LINGO 工具栏 ········· 11
1.3.3 LINGO 的模型窗口 ········· 12
1.3.4 LINGO 的求解器运行状态窗口 ········· 13
1.4 LINGO 软件简单操作 ········· 16
1.4.1 进入与退出软件 ········· 16
1.4.2 LINGO 文件的基本操作 ········· 17
1.5 本章小结 ········· 20
习题 1 ········· 20
习题 1 答案 ········· 20

第2章 LINGO 基础 ········· 21
2.1 LINGO 模型组成 ········· 21
2.1.1 初始部分 ········· 21
2.1.2 集合部分 ········· 21
2.1.3 数据部分 ········· 23
2.1.4 目标和约束部分 ········· 24
2.2 LINGO 运算符与函数 ········· 24
2.2.1 LINGO 运算符 ········· 24
2.2.2 LINGO 数学函数 ········· 25
2.2.3 集合循环函数 ········· 26
2.2.4 集合操作函数 ········· 26
2.2.5 变量定界函数 ········· 27
2.2.6 金融函数 ········· 27
2.2.7 概率函数 ········· 28
2.2.8 输入输出函数 ········· 29
2.2.9 结果报告函数 ········· 29
2.2.10 其他函数 ········· 31

2.3 LINGO 子模型及程序设计 ··· 31
    2.3.1 LINGO 子模型 ··· 31
    2.3.2 LINGO 编程基础 ··· 32
    2.3.3 LINGO 程序设计 ··· 34
    2.3.4 LINGO 程序实例 ··· 36
2.4 本章小结 ·· 58
习题 2 ··· 58
习题 2 答案 ··· 61

第 3 章 LINGO 外部文件接口 ··· 69

3.1 通过 Windows 剪贴板传递数据 ·· 69
    3.1.1 通过 Windows 剪贴板传递 Word 中的数据 ·· 69
    3.1.2 通过 Windows 剪贴板传递 Mathematica 中的图像 ································ 71
3.2 LINGO 与文本文件传递数据 ·· 72
    3.2.1 通过文本文件读取数据 ··· 72
    3.2.2 通过文本文件输出数据 ··· 74
3.3 LINGO 与 Excel 文件传递数据 ··· 75
    3.3.1 LINGO 通过 Excel 文件输入数据 ·· 76
    3.3.2 LINGO 通过 Excel 文件输出数据 ·· 78
    3.3.3 LINGO 通过 Excel 文件传递数据实例 ·· 83
3.4 LINGO 与数据库传递数据 ·· 85
    3.4.1 LINGO 与 Access 进行数据传递 ·· 85
    3.4.2 @ODBC 函数 ·· 90
3.5 本章小结 ·· 92
习题 3 ··· 92
习题 3 答案 ··· 92

第 4 章 LINGO 在数学规划中的应用 ··· 95

4.1 线性规划模型 ·· 95
    4.1.1 线性规划模型 ··· 95
    4.1.2 产品的生产计划问题 ··· 97
    4.1.3 配料问题 ··· 98
4.2 整数线性规划模型 ·· 102
    4.2.1 整数线性规划模型 ··· 102
    4.2.2 汽车的生产计划问题 ··· 102
    4.2.3 指派问题 ··· 104
    4.2.4 排班问题 ··· 107
4.3 非线性规划模型 ·· 110
    4.3.1 非线性规划模型 ··· 110

4.3.2　极值问题 ·· 111
　4.4　本章小结 ·· 115
　习题 4 ·· 115
　习题 4 答案 ·· 116

第 5 章　LINGO 多目标规划模型 ·· 124

　5.1　目标规划模型 ·· 124
　　　5.1.1　目标规划的一般模型 ·· 124
　　　5.1.2　目标规划模型应用 ··· 132
　5.2　多目标规划 ··· 136
　　　5.2.1　多目标规划模型的一般形式 ··· 137
　　　5.2.2　多目标规划模型应用 ·· 139
　5.3　本章小结 ·· 142
　习题 5 ·· 142
　习题 5 答案 ·· 143

第 6 章　LINGO 数学模型编程实例 ·· 149

　6.1　LINGO 编程基本格式 ·· 149
　　　6.1.1　只有目标与约束段的程序 ·· 149
　　　6.1.2　含有集合段和目标与约束段的程序 ·· 153
　　　6.1.3　含有集合段、数据段和目标与约束段的程序 ······························· 156
　6.2　最小二乘法的 LINGO 实现 ··· 159
　　　6.2.1　曲线拟合的线性最小二乘法 ··· 159
　　　6.2.2　非线性最小二乘法 ··· 163
　6.3　层次分析法的 LINGO 实现 ··· 171
　　　6.3.1　层次分析法的基本内容与基本步骤 ·· 171
　　　6.3.2　层次分析法实例 ·· 174
　6.4　数学建模应用实例 LINGO 实现 ··· 181
　　　6.4.1　奶制品的生产计划 ··· 181
　　　6.4.2　自来水的输送 ··· 183
　　　6.4.3　汽车生产计划 ··· 187
　6.5　本章小结 ·· 188
　习题 6 ·· 188
　习题 6 答案 ·· 189

附录 I　如何利用 LINGO 做数学建模 ··· 197

　1.1　数学建模概述 ·· 197
　　　1.1.1　数学建模 ··· 197
　　　1.1.2　数学建模竞赛起源 ··· 197

1.1.3 数学建模的主要步骤 ·· 198
   1.1.4 数学建模采用的主要方法 ··· 198
 1.2 大学生数学建模竞赛简介 ·· 199
   1.2.1 全国大学生数学建模竞赛简介 ··· 199
   1.2.2 美国大学生数学建模竞赛简介 ··· 200
 1.3 应用 LINGO 建立数学模型的例子 ··· 201
   1.3.1 问题描述 ·· 201
   1.3.2 问题的背景与分析 ·· 203
   1.3.3 模型的假设与符号说明 ·· 204
   1.3.4 模型的准备 ·· 204
   1.3.5 模型的建立与求解 ·· 207

附录 II 常用 LINGO 系统函数索引 ··· 215
 一、运算符及其优先级 ··· 215
 二、基本数学函数 ·· 215
 三、集合循环函数 ·· 216
 四、集合操作函数 ·· 216
 五、财务会计函数 ·· 217
 六、变量定界函数 ·· 217
 七、概率相关函数 ·· 217
 八、文件输入输出函数 ··· 218
 九、结果报告函数 ·· 218
 十、其他函数 ··· 219

参考文献 ··· 220

第1章 LINGO 介绍

本章概要

- LINGO 软件概述
- LINGO 软件安装
- LINGO 软件界面介绍
- LINGO 软件简单操作

1.1 LINGO 软件概述

LINGO(Linear Interactive and General Optimizer)是美国 LINDO 系统公司开发的一套专门用于求解最优化问题的软件. 它为求解最优化问题提供了一个平台,主要用于求解线性规划、非线性规划、整数规划、二次规划、线性及非线性方程组等问题. 它是最优化问题的一种建模语言,包含有许多常用的函数供使用者编写程序时调用,可以允许决策变量是整数,方便灵活,而且执行速度非常快,并提供了与其他数据文件的接口,易于方便地输入、求解和分析大规模最优化问题,且执行速度快. 由于它功能较强,所以在教学、科研、工业、商业、服务等许多领域得到了广泛的应用.

LINGO 语言是一个综合性的工具,可使建立和求解数学优化模型更容易、更有效. LINGO 提供了一个完全集成的软件包,包括强大的优化模型描述语言,一个全功能的建立和编辑模型的环境,以及一套快速内置的求解器,能够有效地解决大多数优化模型. LINGO 有如下基本特点:

1. 代数模型语言

LINGO 支持强大的集模型语言,它使用户能够高效、紧凑地表示数学规划模型. 多数模型可以用 LINGO 的内置脚本进行迭代求解.

2. 方便的数据选项

LINGO 使用户从费时费力的数据管理中解脱出来. 它允许用户直接从数据库和电子表格中获取信息建立模型,同样,LINGO 能把解输出到数据库或电子表格,更容易生成用户选择的应用报告. 完整的模型与数据的分离,可以提高模型的维护性和扩展性.

3. 模型交互性或创建交钥匙工程的应用

利用 LINGO 可以建立或求解模型,也可以直接从所写的应用中直接调用 LINGO. 为了提高模型的交互性,LINGO 提供了一个完整的建模、求解和分析模型的环境. 为了建立交钥匙的解决方案,LINGO 可以调用用户所写的 DLL 和 OLE 应用接口. LINGO 可以直接调用 Excel 宏或数据库应用,目前包括 C、C++、Fortran、Java、C#.net、VB.NET、

ASP.NET、Visual Basic、Delphi 和 Excel 编程实例.

4. 广泛的文档和帮助

LINGO 提供了所有需要快速启动和运行的工具.LINGO 用户手册描述了程序的命令和功能.更大规模 LINGO 优化建模的超级版本给出了所有类型的线性、整数和非线性优化问题的综合建模文档.LINGO 提供了许多现实世界的建模实例供用户修改和扩展.

5. 强大的求解器和工具

LINGO 提供了一套全面、快速的内置求解器,可求解线性、非线性(凸与非凸)、二次、二次约束和整数优化.用户永远不必指定或加载一个单独的求解器,因为 LINGO 读取公式后会自动选择合适的求解器.

1.2　LINGO 软件安装

书中介绍的所有实例都基于 LINGO 18.0 版本制作,本节主要介绍该软件的安装过程.

安装前首先需要下载 LINGO 18.0 的安装软件包,LINGO 软件本身很小,预留 200MB 以上的空间就可.解压并运行可执行文件 LINGO-WINDOWS-64x86-18.0.exe,首先会出现 LINGO 安装向导窗口,如图 1.1 所示,单击 Next 按钮,会跳到如图 1.2 所示的许可证协议窗口,选中 I accept the terms in the license agreement 选项,单击 Next 按钮选择安装路径,如图 1.3 所示,单击 Change 按钮可以选择软件安装位置,设定好安装路径后单击 Next 按钮,弹出安装准备就绪窗口,如图 1.4 所示,单击 Install 按钮,开始安装.整个安装过程大约需要 2 分钟,安装结束后会弹出安装结束窗口,如图 1.5 所示,单击 Finish 按钮,完成软件安装.

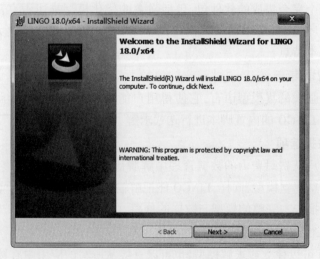

图 1.1　LINGO 安装向导

软件安装成功后在 Windows"开始"菜单中会增加 LINGO 菜单项,如图 1.6 所示,桌面上也会显示 LINGO 快捷图标,如图 1.7 所示.

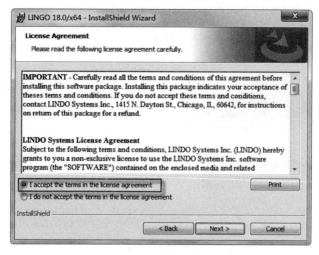

图 1.2 许可证协议窗口

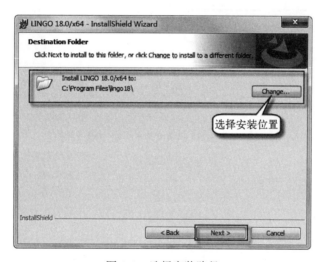

图 1.3 选择安装路径

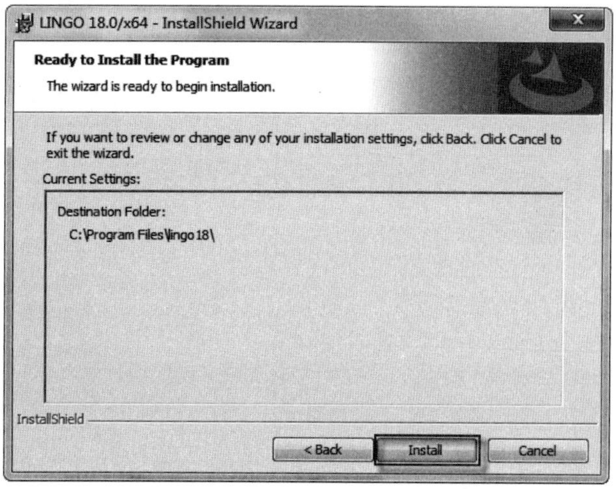

图 1.4 安装准备就绪窗口

图 1.5 安装结束窗口

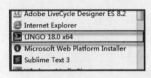

图 1.6 "开始"菜单中的 LINGO 菜单项　　　图 1.7 LINGO 桌面图标

1.3　LINGO 软件界面介绍

1.3.1　LINGO 菜单

启动 LINGO 18.0 后,就会进入 LINGO 18.0 的主界面,如图 1.8 所示. 界面最外层是主框架窗口,包含所有菜单命令和工具条,其他窗口均包含在主窗口之下. 在主窗口内,标题为 LINGO Model-LINGO1 的窗口是 LINGO 的默认模型窗口,建立的模型都在该窗口内编码实现.

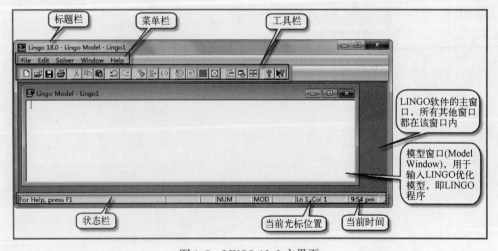

图 1.8　LINGO 18.0 主界面

LINGO 18.0 菜单栏包含的菜单有 File(文件)、Edit(编辑)、Solver(求解器)、Window(窗口)和 Help(帮助),如图 1.9 所示,菜单项的作用及详细说明如下.

图 1.9 LINGO 菜单栏

1. File 菜单

File 菜单用来管理文件,如文件的新建、打开、保存、另存为、关闭、打印、输出文件、数据库用户信息输入等基本操作,如图 1.10 所示.

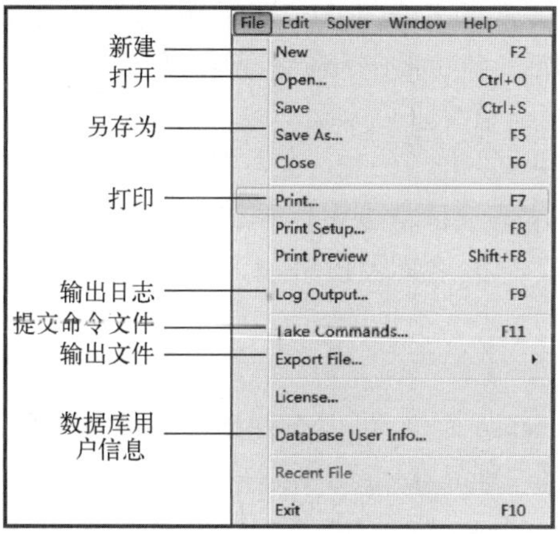

图 1.10 File 菜单

(1) 新建(New)

在 File 菜单中选用 New 命令、单击"新建"按钮或直接按 F2 键可以创建一个新的 Model 窗口. 在这个新的 Model 窗口中能够输入所要求解的模型.

(2) 打开(Open)

在 File 菜单中选用 Open 命令、单击"打开"按钮或直接按 Ctrl+O 快捷键可以打开一个已经存在的文本文件. 这个文件可能是一个 Model 文件.

(3) 保存(Save)

在 File 菜单中选用 Save 命令、单击"保存"按钮或直接按 Ctrl+S 快捷键可保存当前活动窗口(最前台的窗口)中的模型结果、命令序列等.

(4) 另存为(Save As)

在 File 菜单中选用 Save As 命令或按 F5 键可以将当前活动窗口中的内容保存为文本文件,其文件名为在"另存为..."对话框中输入的文件名. 利用这种方法可以将任何窗口的内容(如模型、求解结果或命令)保存为文件.

(5) 关闭(Close)

在 File 菜单中选用 Close 命令或按 F6 键将关闭当前活动窗口. 如果这个窗口是新建窗口或已经改变了当前文件的内容,LINGO 系统将会提示是否保存改变后的内容.

(6) 打印(Print)

在 File 菜单中选用 Print 命令、单击"打印"按钮或直接按 F7 键可以将当前活动窗口中的内容发送到打印机.

（7）打印设置(Print Setup)

在 File 菜单中选用 Print Setup 命令或直接按 F8 键可以将文件输出到指定的打印机.

（8）打印预览(Print Preview)

在 File 菜单中选用 Print Preview 命令或直接按 Shift+F8 快捷键可以进行打印预览.

（9）输出到日志文件(Log Output)

在 File 菜单中选用 Log Output 命令或按 F9 键打开一个对话框,用于生成一个日志文件,存储接下来在"命令窗口"中输入的所有命令.

（10）提交 LINGO 命令脚本文件(Take Commands)

在 File 菜单中选用 Take Commands 命令或直接按 F11 键可以将 LINGO 命令脚本(command script)文件提交给系统进程来运行.

（11）输出文件(Export File)

在 File 菜单中选用 Export File 命令可以输出不同格式的文件,其中 MPS 格式文件是 IBM 开发的数学规划文件,标准格式 MPI 格式文件属于 LINDO 公司制定的数学规划文件格式.

（12）授权(License)

在 File 菜单中选用 License 命令,可以在弹出的对话框中输入软件的授权码信息.

（13）数据库用户信息(Database User Info)

在 File 菜单中选用 Database User Info 命令,该命令弹出一个对话框,要求输入用户名和密码(这些信息在用@ODBC 函数访问数据库要用到).

（14）退出(Exit)

在 File 菜单中选用 Exit 命令或直接按 F10 键可以退出 LINGO 系统.

2. Edit 菜单

Edit 菜单用来编辑文本内容,包含对文本内容的剪切、复制、粘贴、查找、替换、选择、插入对象等基本功能,如图 1.11 所示.

（1）恢复(Undo)

在 Edit 菜单中选用 Undo 命令或按 Ctrl+Z 快捷键,将撤销上次操作、恢复至其前的状态.

（2）剪切(Cut)

在 Edit 菜单中选用 Cut 命令或按 Ctrl+X 快捷键可以将当前选中的内容剪切至剪贴板中.

（3）复制(Copy)

在 Edit 菜单中选用 Copy 命令或按 Ctrl+C 快捷键可以将当前选中的内容复制到剪贴板中.

图 1.11 Edit 菜单

（4）粘贴(Paste)

在 Edit 菜单中选用 Paste 命令、单击"粘贴"按钮或按 Ctrl+V 快捷键可以将剪贴板中的当前内容复制到当前插入点的位置.

(5) 粘贴特定(Paste Special)

与上面的命令不同,它可以用于剪贴板中的内容不是文本的情形.

(6) 全选(Select All)

在 Edit 菜单中选用 Select All 命令或按 Ctrl+A 快捷键可选定当前窗口中的所有内容.

(7) 匹配小括号(Match Parenthesis)

在 Edit 菜单中选用 Match Parenthesis 命令或按 Ctrl+P 快捷键可以为当前选中的开括号查找匹配的闭括号.

(8) 粘贴函数(Paste Function)

在 Edit 菜单中选用 Paste Function 命令可以将 LINGO 的内部函数粘贴到当前插入点.

(9) 插入对象(Insert New Object)

在 Edit 菜单中选用 Insert New Object 命令,可以将已有的公式、图片或表格等对象插入当前文档中.

3. Solver 菜单

Solver 菜单在早期版本中也被称为 LINGO 系统菜单,包含了 LINGO 对模型的求解、求解结果显示、灵敏性分析、选项设置、调试、查看等功能,如图 1.12 所示.

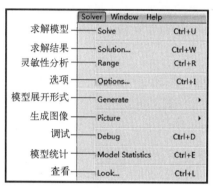

(1) 求解模型(Solve)

在 Solver 菜单中选用 Solve 命令或按 Ctrl+U 快捷键可以将当前模型送入内存求解.

(2) 求解结果(Solution)

在 Solver 菜单中选用 Solution 命令或直接按

图 1.12 Solver 菜单

Ctrl+W 快捷键可以打开求解结果的对话框. 这里可以指定查看当前内存中求解结果的那些内容.

(3) 灵敏性分析(Range)

用该命令可产生当前模型的灵敏性分析报告,用于分析最优解保持不变的情况下,目标函数的系数变化范围;以及影子价格和缩减成本系数都不变的前提下,约束条件右边的常数变化范围.

【例 1.1】 求下面模型的灵敏度分析.

MAX = 200 * X1+300 * X2;

X1<=100;

X2<=120;

X1+2 * X2<=160;

在 LINGO 模型窗口中输入该模型,如图 1.13 所示,求解后,单击 Range 命令可以看到分析结果,如图 1.14 所示.

注1.1 灵敏性分析是在求解模型时作出的,因此在求解模型时,灵敏性分析是激活状态,但是默认是不激活的. 为了激活灵敏性分析,运行 Solver→Options 命令,选择 General Solver Tab,在 Dual Computations 列表框中,选择 Prices and Ranges 选项. 灵敏性分析耗费相当多的求解时间,因此当速度很关键时,没有必要激活它.

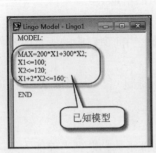
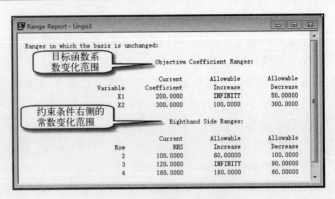

图 1.13 例题模型   图 1.14 例题模型灵敏性分析

(4) 选项(Options)

在 Solver 菜单中选用 Options 命令或直接按 Ctrl+I 快捷键可以改变一些影响 LINGO 模型求解时的参数. 该命令将打开一个含有 9 个选项卡的窗口,可以通过它修改 LINGO 系统的各种参数和选项,如图 1.15 所示.

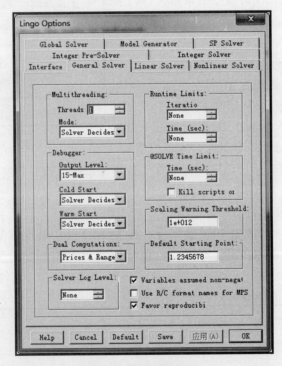

图 1.15 选项设置窗口

在选项设置窗口中,Global Solver 为全局最优求解程序选项,Integer Pre-Solver 为整数预处理程序选项,Integer Solver 为整数求解程序选项,General Solver 为通用求解选项,Linear Solver 为线性求解程序选项,Nonlinear Solver 为非线性求解程序选项. 通过选项设置窗口修改参数后,如果单击 Apply(应用)按钮,则新的设置马上生效;如果单击 OK(确定)按钮,则新的设置马上生效,并且同时关闭该窗口. 如果单击 Save(保存)按钮,则将当前设置变为默认设置,下次启动 LINGO 时这些设置仍然有效. 单击 Default(默认值)

按钮,则恢复LINGO系统定义的原始默认设置(默认设置)。

(5) 模型展开形式(Generate)

在Solver菜单中选用Generate命令,可以为当前模型生成一个用代数表达式表示的完整形式,即LINGO将所有基于集合的表达式(目标函数和约束条件)扩展成为等价的完全展开的普通数学表达式模型,具体可以展开的形式可以在弹出的子菜单中进行选择,如图1.16所示。

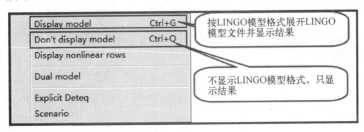

图1.16 模型展开形式子菜单项

(6) 生成图像(Picture)

在Solver菜单中选用Picture命令,可以由模型生成图形,以矩阵形式显示模型的系数,具体显示形式可以在子菜单中进行选择。

(7) 调试(Debug)

在Solver菜单中选用Debug命令或直接按Ctrl+D快捷键,可对模型进行调试,LINGO只允许在不可行或无边界的模型上进行调试,通过调试找到充分行(Sufficient Rows)和必要行(Necessary Rows)。

(8) 模型统计(Model Statistic)

在Solver菜单中选用Model Statistic命令或直接按Ctrl+E快捷键,可以得到模型的统计信息。

(9) 查看(Look)

在Solver菜单中选用Look命令或直接按Ctrl+L快捷键可以查看全部或选中的模型文本的内容。

4. Window 菜单

Window菜单用来管理界面上各个窗口,如窗口的排列、层叠缩放、命令行窗口显示、状态窗口显示等,如图1.17所示。

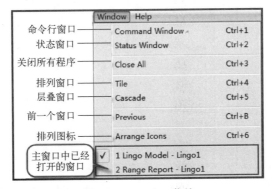

图1.17 Window菜单

（1）命令行窗口（Command Window）

在 Window 菜单中选用 Command Window 命令可以打开命令行窗口；也可以通过快捷键 Ctrl+1 来实现，命令行窗口主要是为用户交互地测试命令脚本而设计的.

（2）状态窗口（Status Window）

在 Window 菜单中选用 Status Window 命令可以打开求解结果状态窗口；也可以通过快捷键 Ctrl+2 来实现，该命令会弹出一个求解器运行状态窗口，用于了解求解器状态.

（3）关闭所有程序（Close All）

在 Window 菜单中选用 Close All 命令可以关闭所有打开的文档窗口；也可以通过快捷键 Ctrl+3 来实现.

（4）排列窗口（Tile）

在 Window 菜单中选用 Tile 命令可以对文档窗口进行水平或垂直排列放置；也可以通过快捷键 Ctrl+4 来实现.

（5）层叠窗口（Cascade）

在 Window 菜单中选用 Cascade 命令可以对文档按文件名的字典顺序层叠放置，方便查看结果和程序；也可以通过快捷键 Ctrl+5 来实现.

（6）排列图标（Arrange Icons）

在 Window 菜单中选用 Arrange Icons 命令可以实现将图标放置在左下角的窗口之下；也可以通过快捷键 Ctrl+6 来实现.

Window 菜单最下面的分组中列出主窗口框架中已经打开的所有窗口，其中标记为"√"的窗口表明光标目前在该窗口中.

5. Help 菜单

Help 菜单主要是 LINGO 软件提供的帮助功能，包括帮助主题、软件注册、自动更新与关于软件，如图 1.18 所示.

（1）帮助主题（Help Topics）

在 Help 菜单中选用 Help Topics 命令可以打开在线用户手册，用户可以通过目录、索引查找、搜索等方式学习相关主题文件，如图 1.19 所示.

图 1.18　Help 菜单

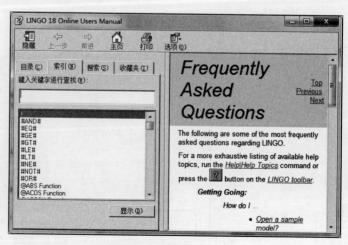

图 1.19　LINGO 用户手册

（2）注册（Register）

在 Help 菜单中选用 Register 命令可以打开填写注册信息的窗口，提交用户的有关注册信息.

（3）自动更新（AutoUpdate）

在 Help 菜单中选用 AutoUpdate 命令可以开启软件自动更新功能.

（4）关于 LINGO（About Lingo）

在 Help 菜单中选用 About Lingo 命令可以看到该软件版本信息及 LINGO 公司的联系方式，如图 1.20 所示.

图 1.20　软件版本信息

1.3.2　LINGO 工具栏

LINGO 工具栏与其他 Windows 应用程序一样，提供了软件常用功能的快捷图形化按钮，这样在执行 LINGO 命令时，除了通过单击菜单的方式执行，还可以通过单击工具栏上的按钮快速执行相应功能. LINGO 工具栏上包含了文件菜单、编辑菜单、求解器菜单、窗口菜单及帮助菜单. 常用的一些命令，如图 1.21 所示.

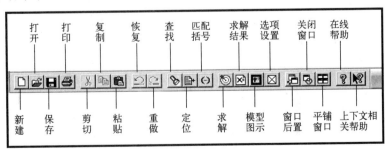

图 1.21　LINGO 工具栏

1.3.3 LINGO 的模型窗口

单击 File 菜单中的 New 命令或单击工具栏中的"新建"按钮,可弹出 LINGO 模型窗口,如图 1.22 所示.

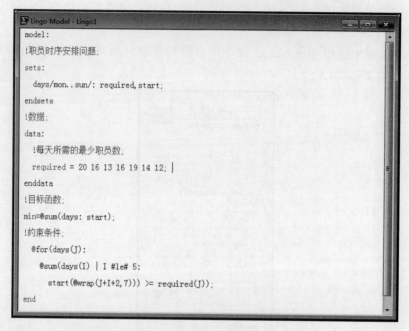

图 1.22 LINGO 模型窗口

1. 模型窗口输入格式要求

① LINGO 的数学规划模型包含目标函数、决策变量、约束条件三个要素.

② 在 LINGO 程序中,每一个语句都必须用一个英文状态下的分号结束,一个语句可以分几行输入.

③ LINGO 的注释以英文状态的感叹号开始,必须以英文状态下的分号结束.

④ LINGO 的变量不区分字母的大小写,必须以字母开头,可以包含数字和下划线,不超过 32 个字符.

⑤ LINGO 程序中,只要定义好集合,其他语句的顺序是任意的,总是根据"max ="或"min ="语句来寻找目标函数.

⑥ LINGO 中的函数以"@"开头.

⑦ LINGO 默认所有的变量都是非负的.

⑧ LINGO 中">或<"号与"≥或≤"号功能相同.

⑨ LINGO 模型以语句"model:"开始,以"end"结束,对于比较简单的模型,这两个语句可以省略.

2. LINGO 建模时需要注意的问题

① 尽量使用实数变量,减少整数约束和整数变量.

② 模型中使用的参数数量级要适当,否则会给出警告信息,可以选择适当的单位改变相对尺度.

③ 尽量使用线性模型,减少非线性约束和非线性变量的个数,同时尽量少使用绝对值、符号函数、多变量求最大最小值、取整函数等非线性函数.

④ 合理设定变量上下界,尽可能给出初始值.

1.3.4 LINGO 的求解器运行状态窗口

模型求解后会自动弹出求解器运行状态窗口,也可以从 Window 菜单中选用 Status Window 命令打开求解结果状态窗口,如图 1.23 所示.

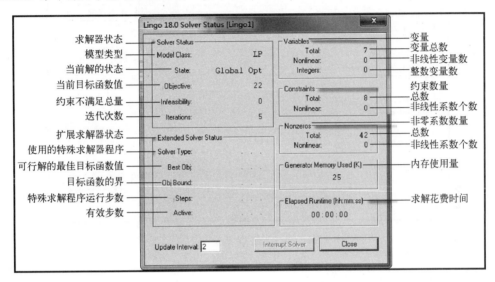

图 1.23 模型求解器运行状态窗口

1. 求解器状态框

当前解的状态有如下几种:

(1) Global Optimum:全局最优解.

(2) Local Optimum:局部最优解.

(3) Feasible:可行解.

(4) Infeasible:不可行解.

(5) Unbounded:无界解.

(6) Interrupted:中断.

(7) Undetermined:未确定.

2. 扩展求解器状态框

使用的特殊求解程序有如下几种:

(1) B-and-B:分支定界算法.

(2) Global:全局最优求解程序.

(3) Multistart:用多个初始点求解的程序.

3. LINGO 求解的参数设置

LINGO 求解器参数可以通过选项设置窗口进行设置,该窗口可以从 Solver 菜单中选用 Options 命令或直接按 Ctrl+I 快捷键打开.下面介绍几个常用的求解程序参数设置窗口.

(1) 线性求解程序参数设置

LINGO 线性求解程序参数设置窗口包括模型求解方法设置、模型降维方法设置、可行性误差限设置、价格策略设置、数据平衡检查等,如图 1.24 所示.

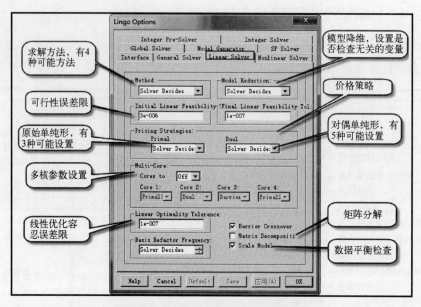

图 1.24　线性求解程序参数设置窗口

(2) 非线性求解程序参数设置

通过选项设置窗口中的 Nonlinear Solver 选项面板,可以设置非线性求解程序的初始与最终可行性误差限、非线性最优误差限、导数计算方式、求解策略等,如图 1.25 所示.

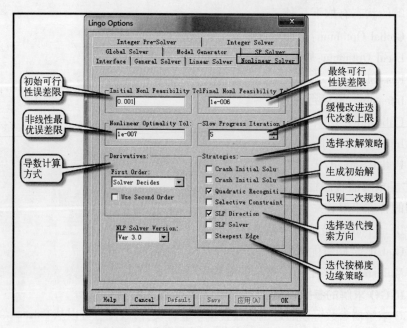

图 1.25　非线性求解程序参数设置窗口

(3) 整数求解程序参数设置

整数求解程序参数设置窗口如图1.26所示,可以设置分支方向与优先等级、绝对与相对误差、误差限等参数.

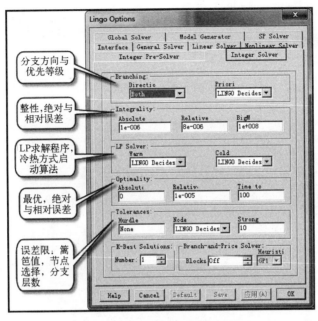

图1.26　整数求解程序参数设置窗口

(4) 全局最优求解程序参数设置

全局最优求解程序参数设置窗口可以设置控制变量上界、选择分支策略、选择活跃节点策略、多初始点求解等,如图1.27所示.

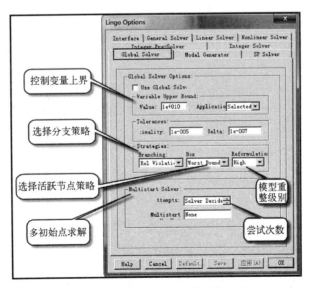

图1.27　全局最优求解程序参数设置窗口

1.4 LINGO 软件简单操作

1.4.1 进入与退出软件

1. 进入系统

在菜单中选择"开始"→"程序"→"LINGO 18.0 x64"项,启动 LINGO 18.0. 首先将显示一个 Splash 界面(图 1.28),上面带有软件的版本信息,随后进入 LINGO 18.0 主窗口.

图 1.28 LINGO 启动 Splash 界面

LINGO 主界面的显示方式可以在选项菜单的 Interface 选项卡中进行设置,如图 1.29 所示.

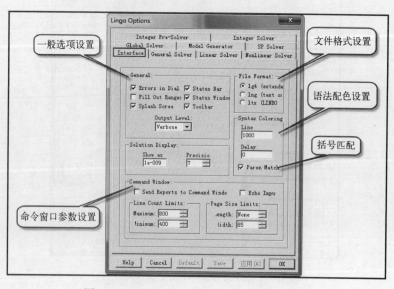

图 1.29 LINGO 主界面的显示参数设置窗口

2. 退出系统

退出系统有两种方法：一是选择主菜单"文件(File)"→"退出(Exit)"命令，退出系统；二是单击软件右上角标题栏的关闭符，退出系统．如果当前文档最近被修改的内容未保存，则会弹出如图 1.30 所示的对话框．

① 如果需要保存，则单击"是"按钮，保存并关闭当前文件．

② 如果不需要保存，则单击"否"按钮，不保存修改的内容并关闭当前文件．

③ 如果单击"取消"按钮，则会返回到当前文件．

图 1.30　关闭文件提示

1.4.2　LINGO 文件的基本操作

1. 新建文件

单击"文件(File)"→"新建(New)"命令，或使用快捷键与工具栏新建按钮，会弹出如图 1.31 所示的对话框，在列表中选择想要新建的文件类型，单击 OK 按钮即可．

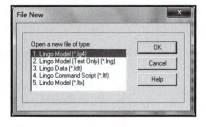

图 1.31　新建文件

LINGO 文件类型包含下面几种：

.lg4：LINGO 格式的模型文件，保存了模型窗口中所能够看到的所有文本和其他对象及其格式信息．

.lrg：文本格式的模型文件，不保存模型中的格式信息（如字体、颜色、嵌入对象等）．

.ldt：LINGO 数据文件．

.ltf：LINGO 命令脚本文件．

.ltx：LINDO 格式的模型文件．

注 1.2　除 .lg4 文件外，另外几种格式的文件都是普通的文本文件，可以用任何文本编辑器打开和编辑．

2. 保存文件

编辑好的文件要进行保存，单击"文件(File)"→"保存(Save)"命令，或通过快捷键与工具栏按钮执行该操作．第一次保存文件会出现一个对话框，先确定保存的位置，给文件命名，再选择"保存类型"，单击"保存"按钮，如图 1.32 所示．另存文件时，单击"文件(File)"→"另存为(Save As)"命令，弹出"另存为(File Save As)"对话框，可以修改文件名或重新选择保存类型，将当前正在编辑的文件以其他名称保存或者保存为其他格式的文件．

3. 打开文件

打开 LINGO 文件可以采用三种方式：

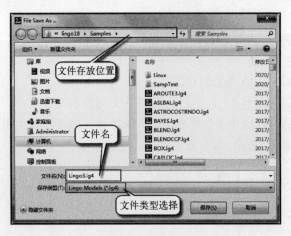

图 1.32　保存文件

① 对于近期操作过的 LINGO 模型文件,在 LINGO"文件(File)"菜单下面的文件列表中选择打开.

② 在存储模型文件的文件夹中选中文件,双击鼠标即可打开.

③ 在"文件(File)"菜单中单击"打开(Open)"命令,或者通过快捷键与工具栏的方式打开文件,弹出"打开(File Open)"对话框,查找要打开的文件并选中它,单击"打开"按钮,就打开了一个已经保存过的文件,如图 1.33 所示.

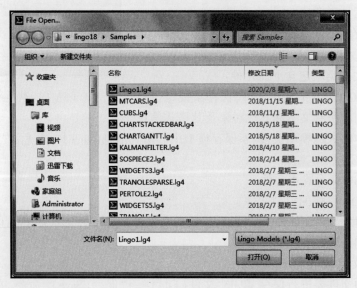

图 1.33　打开文件

4. LINGO 模型的求解与解释

根据实际问题建立 LINGO 模型后,需要通过模型求解及对求解结果分析以便得到结论,LINGO 中模型的求解通过执行 Solver 菜单→Solve 命令,或者通过单击工具栏上的快捷按钮执行求解操作,给出求解结果报告窗口,根据结果报告窗口中的数据可以对模型求解结果进行分析与解释.下面以最优化问题为例,介绍求解过程及求解结果中各参数的含义.

第 1 章 LINGO 介绍

【例 1.2】 用 LINGO 语言输入下面最优化问题,并对该模型进行求解.

$$\min f(x)+g(x)$$
$$\text{s. t. } f(x)=\begin{cases}100+2x, & x>0 \\ 2x, & x\leq 0\end{cases}$$
$$g(x)=\begin{cases}60+3y, & y>0 \\ 2y, & y\leq 0\end{cases}$$
$$x+y\geq 30$$
$$x,y\geq 0$$

解:在模型窗口输入如下代码:

```
model:
  min = fx+fy;
  fx = @if( x #gt# 0,100,0) +2*x;
  fy = @if( y #gt# 0,60,0) +3*y;
  x+y>= 30;
end
```

然后单击工具栏上的按钮 ,得到结果报告窗口,如图 1.34 所示.

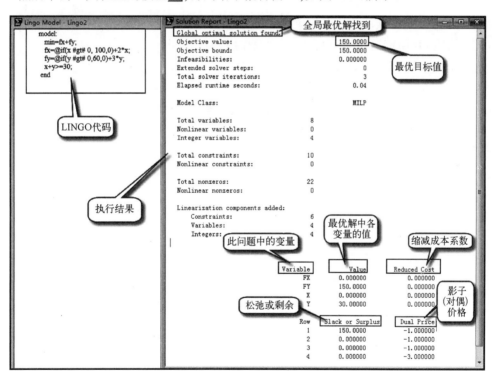

图 1.34 模型求解结果报告窗口

由图 1.34 可以看出,该模型找到了全局最优解,且最优目标值为 150.0000;Total solver iterations:3 表示用单纯行法进行了三次迭代;Variable 表示变量,Value 给出最优解中各变量的值,FX=0.000000,FY=150.0000,X=0.000000,Y=30.00000;Slack or Surplus (松弛或剩余)给出约束对应的松弛变量的值;Dual Price 给出对偶价格(也称影子价格)

19

的值.

注 1.3 最优解中变量的缩减成本系数值自动取零.

注 1.4 约束条件中,对于"<="不等式,称为松弛(Slack);对于">="不等式,称为剩余(Surplus). 不等式两边值相等时,松弛和剩余的值为 0;如果无法满足约束条件,则松弛和剩余的值为负.

1.5 本章小结

本章以 LINGO 18.0 为例详细介绍了 LINGO 软件安装及应用的基础知识. 1.1 节从 LINGO 软件的特点及应用等角度进行了介绍;1.2 节介绍了 LINGO 软件的安装方法;1.3 节介绍了 LINGO 软件的使用环境,重点介绍了 LINGO 软件的菜单、工具栏、模型窗口、求解运行状态窗口等内容;1.4 节介绍了 LINGO 常用的操作方法,具体包括系统的进入与退出、LINGO 文件的操作.

习 题 1

1. 简述 LINGO 软件的特点与应用.
2. 简述 LINGO 软件界面包含的元素及作用.
3. 简述模型窗口输入格式要求.

习题 1 答案

略.

第 2 章　LINGO 基础

本章概要
- LINGO 模型组成
- LINGO 运算符与函数
- LINGO 子模型及程序设计

2.1　LINGO 模型组成

用 LINGO 语言编写程序来表达一个实际优化问题，称为 LINGO 模型．LINGO 模型组成要素一般包括初始部分、集合部分、数据部分以及目标和约束部分．

2.1.1　初始部分

初始部分为 LINGO 提供的一个可选部分，以"init："开始，以"endinit"结束．在初始部分中，可以输入初始声明(initialization statement)，声明规则与数据部分的声明规则相同．对实际问题建模时，初始部分并不起到描述模型的作用，在初始部分输入的值仅被 LINGO 求解器当作初始点来用，并且仅仅对非线性模型有用．和数据部分指定变量的值不同，LINGO 求解器可以自由改变初始部分初始化变量的值．

【例 2.1】　初始部分定义实例．
init：
X = 0.246；
Y = 0.135；
endinit

2.1.2　集合部分

集合部分以"sets："开始，以"endsets"结束，一个 LINGO 模型可以没有集合部分，也可以包含多个集合部分，而且可以放在 LINGO 模型的任何地方，但必须先定义再使用．集合一般包含原始集合和派生集合．

1. 原始集合

原始集合由集合的名称、集合的成员和集合成员的属性组成，定义一个原始集合，用下面的语法结构：

setname[/member_list/][:attribute_list]；

这里用"[ ]"表示该部分内容可选．

setname 用来标记集合的名称，最好具有较强的可读性．集合名称必须严格符合标准命名规则:以字母为首字符,其后由字母(A~Z)、下划线、阿拉伯数字(0~9)组成总长度不超过32个字符的字符串,且不区分大小写.该命名规则同样适用于集合成员名和属性名等的命名.

member_list 是集合成员列表.如果集合成员放在集合定义中,那么对它们可采取显式罗列和隐式罗列两种方式.如果集合成员不放在集合定义中,那么可以在随后的数据部分定义它们.

(1)当显式罗列成员时,必须为所有成员输入不同的名字,中间用空格或逗号分开,允许混合使用.

(2)当隐式罗列成员时,不必罗列出每个集合成员.可采用如下语法:

setname/member1..memberN/[:attribute_list];

这里的 member1 是集合的第一个成员名,memberN 是集合的最后一个成员名.LINGO 将自动产生中间的所有成员名.LINGO 也接受一些特定的首成员名和末成员名,用于创建一些特殊的集合,见表2.1所示.

表 2.1 隐式罗列成员示例

类 型	隐式列举格式	示 例	示例集合的成员
数字型	1..n	1..5	1,2,3,4,5
字符-数字型	stringM..stringN	Car101..car208	Car101,car102,...,car208
星期型	dayM..dayN	MON..FRI	MON,TUE,WED,THU,FRI
月份型	monthM..monthN	OCT..JAN	OCT,NOV,DEC,JAN
年份-月份型	monthYearM..monthYearN	OCT2001..JAN2002	OCT2001,NOV2001,DEC2001,JAN2002

【例 2.2】 原始集合定义实例.

定义库房集合:

warehouses/1..6/: e;

其中 warehouses 是集合的名称,1..6 是集合内的成员,".."是特定的省略号(如果不用省略号,也可以把成员一一罗列出来,成员之间用逗号或空格分开),表明该集合有6个成员,分别对应于6个库房,库房集合也可以定义为

warehouses/W1 W2 W3 W4 W5 W6/: e;

或者

warehouses/W1..W6/: e;

e 是集合的属性,它可以看成一个一维数组,有6个分量,分别表示各库房的存货量.

2. 派生集合

派生集合由集合的名称、父集合的名称、集合成员和集合成员的属性组成,定义一个派生集合,用下面的语法结构:

setname(parent_set_list)[/member_list/][:attribute_list];

setname 是集合的名字.parent_set_list 是已定义集合的列表,有多个列表时必须用逗号隔开.如果没有指定成员列表,那么 LINGO 会自动创建父集合成员的所有组合作为派生集合的成员.派生集合的父集合既可以是原始集合,也可以是其他派生集合.

【例 2.3】 派生集合定义实例.

sets:
product/A B/;
machine/C D/;
week/1..2/;
duke(product,machine,week):x;
endsets

LINGO 生成了 3 个父集合的所有组合共 8 组作为 duke 集合的成员,见表 2.2 所示.

表 2.2 集合 duke 的成员

编号	成员
1	(A,C,1)
2	(A,C,2)
3	(A,D,1)
4	(A,D,2)
5	(B,C,1)
6	(B,C,2)
7	(B,D,1)
8	(B,D,2)

2.1.3 数据部分

数据部分以"data:"开始,以"enddata"结束. 数据的参数可以直接给出,也可以用"?"实时给出,每次求解时 LINGO 会提示为参数输入一个值;也可以给出一部分,其余由空格表示.

【例 2.4】 数据部分定义实例.

model:
sets:
SET1:X,Y;
endsets
data:
SET1 = A B C;
X = 1 2 3;
Y = 4 5 6;
enddata
end

在集 set1 中定义了两个属性 X 和 Y. X 的 3 个值是 1、2、3,Y 的 3 个值是 4、5、6. 也可采用下面的复合数据声明实现同样的功能.

model:
sets:
SET1:X,Y;

```
endsets
data:
SET1 X Y = A 1 4
B 2 5
C 3 6;
enddata
end
```

要记住一个重要的事实,即当 LINGO 读取复合数据声明的值列表时,它将前 n 个值分别分配给对象列表中 n 个对象的第一个值,第二批 n 个值依次分配给 n 个对象的第二个值,依次类推. 换句话说, LINGO 期望的是列格式,而不是行格式的输入数据,这反映了关系数据库中记录和字段之间的关系.

2.1.4 目标和约束部分

这部分的作用是定义目标函数和约束条件等,不需要开始结束标记.

2.2 LINGO 运算符与函数

2.2.1 LINGO 运算符

1. 算术运算

算术运算就是加、减、乘、除、乘方等数学运算,即数与数之间的运算,运算结果也是数,LINGO 中的算术运算符有以下 5 种:

+(加法),-(减号或负号),*(乘法),/(除法),^(求幂).

2. 逻辑运算

逻辑运算就是运算结果只有"真"(true)和"假"(false)两个值的运算. LINGO 具有 9 种逻辑运算符:

#and#(与):仅当两个参数都为 true 时,结果为 true;否则为 false.
#or#(或):仅当两个参数都为 false 时,结果为 false;否则为 true.
#not#(非):否定该操作数的逻辑值,是一个一元运算符.
#eq#(等于):若两个运算数相等,则为 true;否则为 false.
#ne#(不等于):若两个运算符不相等,则为 true;否则为 false.
#gt#(大于):若左边的运算符严格大于右边的运算符,则为 true;否则为 false.
#ge#(大于等于):若左边的运算符大于或等于右边的运算符,则为 true;否则为 false.
#lt#(小于):若左边的运算符严格小于右边的运算符,则为 true;否则为 false.
#le#(小于等于):若左边的运算符小于或等于右边的运算符,则为 true;否则为 false.

这些运算符的优先级由高到低为:#not#;#eq#,#ne#,#gt#,#ge#,#lt#,#le#;#and#,#or#.

3. 关系运算

关系运算表示"数与数之间"的大小关系,因此在 LINGO 中用关系运算来表示优化模型的约束条件. LINGO 中的关系运算符有 3 种:

<(即<=,小于等于),=(等于),>(即>=,大于等于).

请注意,在优化模型中约束一般没有严格小于、严格大于关系.此外,请注意区分关系运算符与"数与数之间"进行比较的6个逻辑运算符的不同之处.

如果需要严格小于和严格大于关系,比如让 A 严格小于 B,那么可以把它变成如下的小于等于表达式: $A+\varepsilon<=B$. 这里 ε 是一个小的正数,它的值依赖于模型中 A 小于 B 多少才算不等.

上述3类运算符的优先级见表2.3所示,其中同一优先级按从左到右的顺序执行,如果有括号"()",则优先计算括号内的表达式.

表2.3 算术运算符、逻辑运算符和关系运算符的优先级

优 先 级	运 算 符
最高	#not# -(负号)
	^
	* /
	+ -(减法)
	#eq# #ne# #gt# #ge# #lt# #le#
	#and# #or#
最低	< = >

2.2.2 LINGO 数学函数

LINGO 数学函数的使用能减少用户的编程工作量,所有函数都以"@"符号开头. LINGO 中包含相当丰富的数学函数.

@abs(x):绝对值函数,返回 x 的绝对值.
@acos(x):反余弦函数,返回值单位为弧度.
@acosh(x):反双曲余弦函数.
@asin(x):反正弦函数,返回值单位为弧度.
@asinh(x):反双曲正弦函数.
@atan(x):反正切函数,返回值单位为弧度.
@atan2(y,x):返回 y/x 的反正切.
@atanh(x):反双曲正切函数.
@cos(x):余弦函数,返回 x 的余弦值.
@cosh(x):双曲余弦函数.
@sin(x):正弦函数,返回 x 的正弦值,x 采用弧度制.
@sinh(x):双曲正弦函数.
@tan(x):正切函数,返回 x 的正切值.
@tanh(x):双曲正切函数.
@exp(x):指数函数,返回 e^x 的值.
@log(x):自然对数函数,返回 x 的自然对数.
@log10(x):以10为底的对数函数,返回 x 的以10为底的对数.
@lgm(x):返回 x 的 gamma 函数的自然对数(当 x 为整数时,lgm(x)=log((x-1)!)).

@mod(x,y):模函数,返回 x 除以 y 的余数,这里 x 和 y 应该是整数.

@pi():返回 pi 的值,即 3.14159265….

@pow(x,y):指数函数,返回 x^y 的值.

@sign(x):x<0,返回-1;x>0,返回 1;x=0,返回 0.

@floor(x):取整函数,返回 x 的整数部分. 当 x>=0 时,返回不超过 x 的最大整数;当 x<0 时,返回不低于 x 的最小整数.

@smax(list):最大值函数,返回一列数(list)中的最大值.

@smin(list):最小值函数,返回一列数(list)中的最小值.

@sqr(x):平方函数,返回 x 的平方.

@sqrt(x):平方根函数,返回 x 的正平方根的值.

2.2.3 集合循环函数

集合循环函数是指对集合中的元素下标进行循环操作的函数,如@for 和@sum 等. 一般用法如下:

集循环函数遍历整个集进行操作,其语法为

@function(setname[(set_index_list)[|conditional_qualifier]]:expression_list);

其中:

function 是集合函数名,是 for,sum,max,min,prod 五种之一;

setname 是集合名;

set_index_list 是集合索引列表,不需使用索引时可以省略;

conditional_qualifier 是用逻辑表达式描述的过滤条件,通常含有索引,无条件时可以省略;

expression_list 是一个表达式,对@for 函数,可以是一组表达式,其间用分号";"分隔.

五个集合循环函数的含义如下:

@for(集合元素的循环函数):对集合 setname 的每个元素独立地生成表达式,表达式由 expression_list 描述,通常是优化问题的约束.

@sum(集合属性的求和函数):返回集合 setname 上的表达式的和.

@max(集合属性的最大值函数):返回集合 setname 上的表达式的最大值.

@min(集合属性的最小值函数):返回集合 setname 上的表达式的最小值.

@prod(集合属性的乘积函数):返回集合 setname 上的表达式的乘积.

2.2.4 集合操作函数

集合操作函数是指对集合进行操作的函数,有@index,@in,@wrap,@size 四种,下面分别介绍其一般用法.

1. @index 函数

使用格式为

@index([set_name,] primitive_set_element)

该函数返回在集合 set_name 中原始集成员 primitive_set_element 的索引. 如果 set_name 被忽略,那么 LINGO 将返回与 primitive_set_element 匹配的第一个原始集成员的索引.如果找不到,则给出出错信息.

请注意,按照上面所说的索引值的含义,集合 set_name 的一个索引值是一个正整数,即对集合中一个对应元素的顺序编号,且只能位于 1 和集合的元素个数之间.

2. @in 函数

使用格式为

@in(set_name,primitive_index_1[,primitive_index_2,…])

该函数用于判断一个集合中是否含有某个索引值.如果集合 set_name 中包含由索引 primitive_index_1[,primitive_index_2,…]所表示的对应元素,则返回 1,否则返回 0.索引用"&1""&2"或@index 函数等形式给出,这里"&1"表示对应第 1 个父集合的元素的索引值,"&2"表示对应第 2 个父集合的元素的索引值.

3. @wrap 函数

使用格式为

@wrap(index,limit)

当 index 位于区间[1,limit]内时直接返回 index;一般地,返回值 j=index-k∗limit,其中 j 位于区间[1,limit],k 为整数.直观地说,该函数把 index 的值加上或减去 limit 的整数倍,使之落在区间[1,limit]中.

4. @size 函数

使用格式为

@size(set_name)

该函数返回数据集 set_name 中包含元素的个数.

2.2.5 变量定界函数

变量定界函数对函数的取值范围加以限制,共有以下 7 种函数:

@gin(x):限制 x 为整数.

@bin(x):限制 x 为 0 或 1.

@free(x):取消 x 的非负性限制,即 x 可以取任意实数值.

@bnd(L,x,U):限制 L<=x<=U.

@sos1('set_name',x):限制 x 中至多一个大于 0.

@sos2('set_name',x):限制 x 中至多两个不等于 0,其他都为 0.

@sos3('set_name',x):限制 x 中正好有一个为 1,其他都为 0.

@card('set_name',x):限制 x 中非零元素的最多个数.

@semic(L,x,U):限制 x=0 或 L<=x<=U.

2.2.6 金融函数

目前 LINGO 提供了两个金融函数.

1. @fpa(I,N)

返回如下情形的净现值:单位时段利率为 I,连续 N 个时段支付,每个时段支付单位费用.若每个时段支付 x 单位的费用,则净现值可用 x 乘以@fpa(I,N)算得.@fpa 的计算公式为

$$@\mathrm{fpa}(I,N) = \sum_{n=1}^{N} \frac{1}{(1+I)^n} = \left(1 - \left(\frac{1}{1+I}\right)^N\right)/I.$$

2. @fpl(I,n)

返回如下情形的净现值:单位时段利率为 I,第 n 个时段支付单位费用. @fpl(I,n) 的计算公式为

$$(1+I)^{-n}.$$

细心的读者可以发现这两个函数间的关系为

$$@\mathrm{fpa}(I,n) = \sum_{k=1}^{n} @\mathrm{fpl}(I,k).$$

2.2.7 概率函数

1. @NORMINV(P,MU,SIGMA)

返回均值为 MU、标准差为 SIGMA 的正态分布的分布函数反函数在 P 处的值 z_p,即若 $X \sim N(MU,SIGMA^2)$,则返回值 z_p 满足 $P\{X \leq z_p\} = P$,z_p 称为随机变量 X 的 P 分位数.

2. @NORMSINV(P)

返回值为标准正态分布的 P 分位数.

3. @PBN(P,N,X)

返回值为二项分布 B(N,P) 的分布函数在 X 处的取值. 当 N 或 X 不是整数时,采用线性插值进行计算.

4. @PCX(N,X)

返回值为自由度为 N 的 $\chi^2(N)$ 分布的分布函数在 X 处的取值.

5. @PEB(A,X)

当到达负荷(强度)为 A,服务系统有 X 个服务器且允许无穷排队时的 Erlang 繁忙概率.

6. @PEL(A,X)

当到达负荷(强度)为 A,服务系统有 X 个服务器且不允许排队的 Erlang 损失概率.

7. @PFD(N,D,X)

自由度为 N 和 D 的 F 分布的分布函数在 X 点的取值.

8. @PFS(A,X,C)

当负荷上限为 A,顾客数为 C,并行服务器数量为 X 时,有限源的泊松服务系统的等待或返修顾客数的期望值,其中极限负荷 A 是顾客数乘以平均服务时间,再除以平均返修时间.

9. @PHG(POP,G,N,X)

超几何分布的分布函数. 也就是说,返回如下概率:当总共有 POP 个产品,其中 G 个是正品时,那么随机地从中取出 N 个产品($N \leq POP$),正品不超过 X 个的概率. 当 POP, G, N 或 X 不是整数时,采用线性插值进行计算.

10. @PPL(A,X)

泊松分布的线性损失函数,即返回 $\max(0, Z-X)$ 的期望值,其中 Z 为均值为 A 的泊松分布随机变量.

11. @PPS(A,X)

泊松分布函数,即返回均值为 A 的 Poisson 分布的分布函数在 X 点的取值,当 X 不是整数时,采用线性插值进行计算.

12. @PSL(X)

标准正态分布的线性损失函数,即返回 max(0,Z-X)的期望值,其中 Z 为标准正态分布随机变量.

13. @PSN(X)

标准正态分布的分布函数在 X 点的取值.

14. @QRAND(SEED)

产生服从(0,1)区间的多个拟均匀随机数,其中 SEED 为种子,默认时取当前计算机时间为种子.该函数只允许在模型的数据部分使用,它将用拟随机数填满集属性.通常,声明一个 m×n 的二维表,m 表示运行实验的次数,n 表示每次实验所需的随机数的个数.在行内,随机数是独立分布的;在行间,随机数是非常均匀的.这些随机数是用"分层取样"的方法产生的.

15. @RAND(SEED)

返回 0 与 1 之间的一个伪均匀分布随机数,其中 SEED 为种子.

2.2.8 输入输出函数

输入和输出函数,包括以下 5 个函数.

1. @FILE(filename)

当前模型引用其他 ASCII 码文件中的数据或文本时可以采用该语句,其中 filename 为存放数据的文件名(可以带有文件路径,没有指定路径时表示在当前目录),该文件中记录之间用"~"分开.

2. @ODBC

这个函数提供 LINGO 与 ODBC(open data base connection,开放式数据库连接)的接口.

3. @OLE

这个函数提供 LINGO 与 OLE(object linking and embedding,对象链接与嵌入)的接口.

4. @POINTER(N)

在 Windows 下使用 LINGO 的动态链接库(dynamic link library,DLL),直接从共享的内存中传送数据.

5. @TEXT(filename)

用于数据段中将解答结果保存到文本文件 filename 中,当省略 filename 时,结果送到标准的输出设备(通常就是屏幕). filename 中可以带有文件路径,没有指定路径时表示在当前目录下生成这个文件.

2.2.9 结果报告函数

1. @DUAL(variable_or_row_name)

当参数为变量名时,返回解答中变量的 Reduced Cost,即变量的检验数;当参数是行名时,返回该约束行的 Dual Price,即影子价格.

2. @ITERS( )

这个函数在程序的数据段(data)和计算段(calc)使用,调用时不需要任何参数,总是返回 LINGO 求解器计算所使用的总迭代次数.

3. @NEWLINE(n)

这个函数在输出设备上输出 n 个新行(n 为一个正整数).

4. @WRITE([obj1,...,objn])

这个函数只能在数据段(data)和计算段(calc)中使用,用于输出一系列结果(obj1,..., objn)到一个文件,或电子表格(如 Excel)、或数据库等,这取决于@write 所在的输出语句中左边的定位函数.

5. @WRITEFOR(setname[(set_index_list)][|cond_qualifier]]:obj1[,...,objn])

这个函数只能在数据段和计算段中使用,它可以看作是函数@write 在循环情况下的推广,它输出集合上定义的属性对应的多个变量的取值.

6. 符号"*"

在@write 和@writefor 函数中,可以使用符号"*"表示将一个字符串重复多次,用法是将"*"放在一个正整数 n 和这个字符串之间,表示将这个字符串重复 n 次.

7. @FORMAT(value,format_descriptor)

@format 函数用在@write 和@writefor 语句中,作用是格式化数值和字符串的值以文本形式输出. value 是要格式化输出的数值和字符串的值,format_descriptor 与 C 语言的输出格式是一样的.

8. @NAME(var_or_row_reference)

@name 以文本方式返回变量名或行名,@name 只能在数据段(data)和计算段(calc)中使用.

9. @RANGED(variable_or_row_name)

为了保持最优基不变,目标函数中变量的系数或约束行的右端项允许减少的量.

10. @RANGEU(variable_or_row_name)

为了保持最优基不变,目标函数中变量的系数或约束行的右端项允许增加的量.

11. @STATUS( )

返回 LINGO 求解模型结束后的最后状态. 返回值的含义见表 2.4.

表 2.4 @STATUS( )返回值的含义

返 回 值	含 义
0	Global Optimum(全局最优解)
1	Infeasible(没有可行解)
2	Unbounded(目标函数无界)
3	Undetermined(不确定,求解失败)
4	Feasible(可行解)
5	Infeasible or Unbounded(不可行或无界)
6	Local Optimum(局部最优解)

(续)

返回值	含义
7	Locally Infeasible(局部不可行)
8	Cutoff(目标函数达到了指定的误差水平)
9	Numeric Error(约束中遇到了无定义的数学操作)

12. @STRLEN(string)

返回字符串的长度.

13. @TABLE('attr│set')

以表格形式显示属性值或集成员的值.

14. @TIME()

返回的是生成模型和求解模型所用的全部运行时间,单位为秒.

2.2.10 其他函数

1. @IF(logical_condition,true_result,false_result)

当逻辑表达式 logical_condition 的结果为真时,返回 true_result,否则返回 false_result.

2. @WARN('text',logical_condition)

如果逻辑表达式 logical_condition 的结果为真,则显示'text'信息.

3. @USER(user_determined_arguments)

该函数允许用户调用自己编写的 DLL 文件或对象文件.

2.3 LINGO 子模型及程序设计

2.3.1 LINGO 子模型

在 LINGO 9.0 及更早的版本中,在每个 LINGO 模型窗口中只允许有一个优化模型,可以称为主模型(MAIN MODEL). 在 LINGO 10.0 及以后的版本中,每个 LINGO 模型窗口中除了主模型外,用户还可以定义子模型(SUBMODEL). 子模型可以在主模型的计算段中被调用,这就进一步增强了 LINGO 的编程能力.

子模型必须包含在主模型之内,即必须位于以"MODEL:"开头、以"END"结束的模块内. 在同一个主模型中,允许定义多个子模型,所以每个子模型本身必须命名,其基本语法是:

SUBMODEL submodel_name:
可执行语句(约束+目标函数);
ENDSUBMODEL

其中 submodel_name 是该子模型的名字,可执行语句一般是一些约束语句,也可能包含目标函数,但不可以有自身单独的集合段、数据段、初始段和计算段. 也就是说,同一个主模型内的变量都是全局变量,这些变量对主模型和所有子模型同样有效.

如果已经定义了子模型 submodel_name,则在计算段中可以用语句"@SOLVE(submodel_name);"求解这个子模型. 同一个 LINGO 主模型中,允许定义多个子模型.

2.3.2 LINGO 编程基础

1. 基本语法规则

- 语句必须以分号";"结束,每行可以有多个语句,语句可以跨行.
- "!"开头为注释,注释也需要";"结尾.
- 若对变量取值范围没有特殊说明,则默认所有决策变量都是非负.
- LINGO 模型以语句"model:"开头,以"end"结尾. 对于简单模型,可以省略.
- LINGO 没有单独"<"或">"关系,若出现"<"则等价于"<=". 如果需要严格要求大/小关系,可以写成 A+α<=B,α 是一个小的正数,它的值依赖于模型中 A 小于 B 多少才算不等.

2. 集合

阅读下列示例,理解集合的概念.

!模型的开始;
model:
!集合定义的开始;
sets:
    quarters/1,2,3,4/:dem,rp,op,inv;
!集合 quarters 类似于数组,dem 等表示该集合包含的元素,这里一共有 4 个元素.
/1,2,3,4/表示该集合的大小,对应着实际问题的每一个季度,/1,2,3,4/等价于/1..4/,当集合大小比较大时,建议写后者;
    endsets   !集合定义的结束;
    min = @sum(quarters:400*rp+450*op+20*inv);
!@sum(),求和函数表示对该集合所有值依次进行求和,由于是对所有值,所以省去了循环变量,这里等价于
@sum(quarters(i):400*rp(i)+450*op(i)+20*inv(i));
@for(quarters(i):rp(i)<40);
!@for 类似于 c/c++中的 for 循环,对其中操作循环进行;
@for(quarters(i)|I#GT#1! |表示对于循环的限制,#GT#表示大于;
    inv(i) = inv(i-1)+rp(i)+op(i)-dem(i););
:inv(1) = 10+rp(1)+op(1)-dem(1);
data:!初始数据段开始;
    dem = 40,60,75,25;
    enddata
end

3. LINGO 中常见函数

@abs(x):返回 x 的绝对值.
@sin(x):返回 x 的正弦值,x 采用弧度制.
@cos(x):返回 x 的余弦值.
@tan(x):返回 x 的正切值.
@exp(x):返回常数 e 的 x 次方.
@log(x):返回 x 的自然对数.

@lgm(x):返回 x 的 gamma 函数的自然对数.

@sign(x):如果 x<0,则返回-1;否则返回 1.

@floor(x):返回 x 的整数部分.当 x>=0 时,返回不超过 x 的大整数;当 x<0 时,返回不低于 x 的大整数.

@smax(x1,x2,…,xn):返回 x1,x2,…,xn 中的最大值.

@smin(x1,x2,…,xn):返回 x1,x2,…,xn 中的最小值.

@pbn(p,n,x):二项分布的累积分布函数.当 n 和(或)x 不是整数时,用线性插值法进行计算.

@pcx(n,x):自由度为 n 的 χ^2 分布的累积分布函数.

@peb(a,x):当到达负荷为 a,服务系统有 x 个服务器且允许无穷排队时的 Erlang 繁忙概率.

@pel(a,x):当到达负荷为 a,服务系统有 x 个服务器且不允许排队时的 Erlang 繁忙概率.

@pfd(n,d,x):自由度为 n 和 d 的 F 分布的累积分布函数.

@pfs(a,x,c):当负荷上限为 a,顾客数为 c,平行服务器数量为 x 时,有限源的泊松服务系统的等待或返修顾客数的期望值.a 是顾客数乘以平均服务时间,再除以平均返修时间.当 c 和(或)x 不是整数时,采用线性插值进行计算.

@phg(pop,g,n,x)超几何(Hypergeometric)分布的累积分布函数.pop 表示产品总数,g 是正品数.从所有产品中任意取出 n(n≤pop)件.pop,g,n 和 x 都可以是非整数,这时采用线性插值进行计算.

@ppl(a,x):泊松分布的线性损失函数,即返回 max(0,z-x)的期望值,其中随机变量 z 服从均值为 a 的泊松分布.

@pps(a,x):均值为 a 的泊松分布的累积分布函数.当 x 不是整数时,采用线性插值进行计算.

@psl(x):单位正态线性损失函数,即返回 max(0,z-x)的期望值,其中随机变量 z 服从标准正态分布.

@psn(x):标准正态分布的累积分布函数.

@ptd(n,x):自由度为 n 的 t 分布的累积分布函数.

@qrand(seed):产生服从(0,1)区间的拟随机数.@qrand 只允许在模型的数据部分使用,它将用拟随机数填满集属性.通常,声明一个 m×n 的二维表,m 表示运行实验的次数,n 表示每次实验所需的随机数的个数.在行内,随机数是独立分布的;在行间,随机数是非常均匀的.这些随机数是用"分层取样"的方法产生的.

@rand(seed):返回 0 和 1 间的伪随机数,依赖于指定的种子.典型用法是 U(I+1)=@rand(U(I)).如果 seed 不变,那么产生的随机数也不变.

@bin(x):限制 x 为 0 或 1.

@bnd(L,x,U):限制 L≤x≤U@free(x),取消对变量 x 的默认下界为 0 的限制,即 x 可以取任意实数.

@gin(x):限制 x 为整数,在默认情况下,LINGO 规定变量是非负的,也就是说下界为 0,上界为+∞.

@free:取消了默认的下界为0的限制,使变量也可以取负值.

@bnd:用于设定一个变量的上下界,它也可以取消默认下界为0的约束.

2.3.3 LINGO 程序设计

LINGO 程序设计包括模型控制、流控制、模型生成、输出语句、参数设置等方面.

1. 模型控制

(1) @DEBUG([SUBMODEL_NAME[,…,SUBMODEL_NAME_N]])

用于调试在计算段中子模型的不可行性或无界性.

如果模型包含子模型,则可以使用 debug(子模型名称)进行子模型的调试,或者 debug(子模型1,子模型2,……,子模型名称 N),同时调试多个子模型. 如果省略子模型的名称,LINGO 将求解@debug 语句前面的所有模型语句,并且不停留在子模型部分. 使用者要保证子模型综合在一起有意义,或者说在@debug 调用中至多有一个子模型有目标函数.

(2) @SOLVE([SUBMODEL_NAME[,…,SUBMODEL_NAME_N]])

子模型可以在计算段中使用@SOLVE 语句求解. 如果 LINGO 模型中包含子模型,则可以指定子模型的名称作为@SOLVE 的参数,如果需要,可以指定多个子模型名称作为@SOLVE 的参数. 如果@SOLVE 省略了子模型的名称,LINGO 将求解@SOLVE 之前的除子模型外的所有模型语句.

2. 流控制

在计算段中,模型语句通常是顺序执行的. 流控制语句能改变语句的执行顺序.

(1) @IFC and @ELSE

这些语句提供了条件 IF/THEN/ELSE 分支能力,语法为:

@IFC(<conditional-exp>:

statement_1[;…;statement_n;]

[@ELSE

statement_1[;…;statement_n;]]

);

其中,当只需要一个 IFC 语句时,ELSE 块中的语句是可选的.

注 2.1 注意@IFC 与@IF 的区别,@IFC 是流控制语句,@IF 是算术语句.

(2) @WHILE

@WHILE 语句用于一组语句的循环执行中,直到终止条件满足时不再执行. 它的语法为:

@WHILE(<conditional-exp>: statement_1[;…;statement_n;]);

(3) @BREAK

@BREAK 语句用于终止当前的循环,然后继续执行循环之后的语句(如果循环之后有语句). @BREAK 语句只在@FOR 和@WHILE 循环中有效,且只能用于计算段,不带参数.

(4) @STOP([‘MESSAGE’])

@STOP 语句终止当前模型的执行,@STOP 语句只能用于计算段且带可选的文本参数.当@STOP 被执行时,LINGO 将显示错误信息 258.

3. 模型生成

(1) @GEN([SUBMODEL_NAME[,… SUBMODEL_NAME_N]])

@GEN 语句生成一个模型,并且显示生成的方程.@GEN 把模型变换到求解器使用的适当格式,它实际上不调用求解器,只是用@GEN 调试我们的模型.

@GEN 生成一个报告,用展开形式显示模型的所有方程.默认情况下,报告输出到显示窗口,也可以使用函数@DIVERT 把报告输出到一个文件.

函数@GEN 接受一个或多个子模型名称作为可选参数.如果省略了子模型名称,LINGO 将生成该语句之前的那些模型语句的展开语句,而不包含任何子模型.

(2) @GENDUAL([SUBMODEL_NAME[,…,SUBMODEL_NAME_N]])

@GENDUAL 语句生成线性规划原问题的对偶问题,并且显示生成的方程.如果原问题有 m 个约束和 n 个变量,那么它的对偶问题有 n 个约束和 m 个变量.

(3) @RELEASE(VARIABLE_NAME)

当一个变量在计算段中被指定一个值时,该变量在 LINGO 中永久固定为该值,也就是说以后通过@SOLVE 的优化不影响该变量的取值.@RELEASE 语句可以用于释放这样的固定变量,使得该变量可以再次优化.

4. 输出语句

前面介绍了 LINGO 中的一些输出函数,这里强调一点,@table 函数只能用于数据段中;其他输出函数,不仅可以用于数据段、初始段,还可以用于计算段中.

(1) @SOLU([0|1[,MODEL_OBJECT[,'REPORT_HEADER']]])

如果省略了所有的参数,@SOLU 将显示默认的 LINGO 求解报告,除非使用了函数@DIVERT,把输出定向到文本文件,其他情形都是输出到屏幕的.

如果@SOLU 的第一个参数值为 0,则只显示非零变量及其相关行的值;如果第一个参数值为 1,则显示所有信息.

如果希望限制解报告的显示范围,可选的 MODEL_OBJECT 参数值可以为属性名或行名,在这种情形下,求解报告只显示指定的对象.

当希望在解报告的前面加上表头字符串时,可以使用可选参数 REPORT_HEADER.

(2) @WRITE('TEXT1'|VALUE1[,…,'TEXTN'|VALUEN])

@WRITE 函数是在计算段中显示输出结果的基本工具,@WRITE 既可以显示文本,也可以显示数值型变量.文本字符串可以用单引号或双引号表示,所有的输出,除非使用了函数@DIVERT,把输出定向到文本文件,其他情形都是输出到屏幕.

@WRITE 既可以调试计算段的代码,也可以生成定制的报告.

(3) @PAUSE('TEXT1'|VALUE1[,…,'TEXTN'|VALUEN])

@PAUSE 与@WRITE 有相同的语法,但@PAUSE 使得 LINGO 停止执行等待用户的反应.例如:

calc:
@PAUSE('@PAUSE 应用示例!');
endcalc

执行后,将出现如图 2.1 所示的对话框界面.用户可以选择 Resume 按钮继续运行程序,或者选择 Interrupt 按钮中断模型的运行.

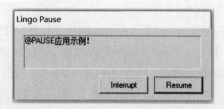

图 2.1 @PAUSE 执行界面

(4) @DIVERT(['FILE_NAME'])

@WRITE 语句生成的输出结果默认地发送到屏幕,然而我们可能希望输出到一个文件,@DIVERT 函数可以实现该功能.

5. 参数设置

LINGO 有许多可选参数设置是通过菜单 LINGO|Options 设置的. 同时,在模型的计算段动态地调整参数取值也是必要的,由于这个原因,LINGO 提供了@SET 函数,用于存取整个系统的参数集合. LINGO 也有另一个函数@APISET,用于设置 LINGO API 的参数,这在标准的 LINGO 参数设置中是无效的.

(1) @SET('PARAM_NAME', PARAMETER_VALUE)

为了改变参数的设置,@SET 需要传递一个文本字符串作为参数的名称,同时要给参数赋新值. 例如,可以使用参数 TERSEO 控制 LINGO 输出的数量,有 3 种可能的设置,参数取值的含义见表 2.5.

表 2.5 参数 TERSEO 取值含义表

TERSEO 的值	含 义 描 述
0	标准的输出形式,包括完整的求解报告表
1	较小的压缩输出形式
2	用其他自定义形式输出

(2) @APISET(PARAM_INDEX,'INT|DOUBLE',PARAMETER_VALUE)

LINGO 使用 LINGO API 求解器库集合作为它的基础求解引擎. LINGO API 有丰富的参数可以被用户设置.

为了改变参数的设置,@APISET 需要传递一个索引参数,文本字符串'INT'或'DOUBLE'表示参数值是整数或双精度的数量,同时要给参数赋以新值.

2.3.4 LINGO 程序实例

【例 2.5】 一个简单的 LINGO 程序,用 LINGO 解决二次规划问题

$$\max 98x_1 + 277x_2 - x_1^2 - 0.3x_1x_2 - 2x_2^2,$$

$$\text{s. t.} \begin{cases} x_1 + x_2 \leq 100, \\ x_1 \leq 2x_2, \\ x_1, x_2 \geq 0 \text{ 为整数}. \end{cases}$$

解 在 LINGO 18.0 运行窗口输入如下代码：
!一个简单例子；
x1+x2<=100；
max=98*x1+277*X2-x1*x1-0.3*X1*x2-2*X2^2；
x1-2*x2<=0；
@gin(x1);@gin(x2);

单击求解按钮◎得到如下结果：

Global optimal solution found.
Objective value: 11077.50
Objective bound: 11077.50
Infeasibilities: 0.000000
Extended solver steps: 3
Total solver iterations: 115
Elapsed runtime seconds: 1.76
Model is convex quadratic
Model Class: PIQP
Total variables: 2
Nonlinear variables: 2
Integer variables: 2
Total constraints: 3
Nonlinear constraints: 1
Total nonzeros: 6
Nonlinear nonzeros: 3

Variable	Value	Reduced Cost
X1	35.00000	0.3914289
X2	65.00000	2.391424

Row	Slack or Surplus	Dual Price
1	0.000000	8.891428
2	11077.50	1.000000
3	95.00000	0.000000

在这个例子里要注意如下一些细节：
① 每一行语句结尾要有分号";".
② 注释行以"!"号开头,以分号";"号结尾.
③ LINGO 中的变量不区分字母大小写.
④ 系数和变量之间要有运算符相连.
⑤ "max="或"min="表示目标函数.
⑥ LINGO 的语句顺序并不重要.
⑦ 以@开头的语句表示调用 LINGO 自带的函数,本例中@gin(x1)表示 x1 为整数.
⑧ LINGO 中默认所有变量都非负.

对本例结果的解释：找到全局最优解,使得目标函数值为 11077.50,对应变量 x_1,x_2 的值分别为 35 和 65,"Reduced Cost" 表示列出最优单纯形表中判别数所在行的变量的系数,表示当变量有微小变动时,目标函数的变化率."slack or Surplus"表示资源(原材料)剩余量,"DUAL PRICE"(对偶价格)表示当对应约束有微小变动时,目标函数的变化率,又称对应影子价格.

【例 2.6】 求解下列的线性方程组

$$\begin{cases} 2x+y=3, \\ x+y=4. \end{cases}$$

解 在 LINGO 18.0 运行窗口输入如下代码:

2 * x+y=3;
x+y=4;
@free(x);@free(y);

单击求解按钮◎得到如下结果:

Feasible solution found.
Infeasibilities: 0.000000
Total solver iterations: 0
Elapsed runtime seconds: 0.06
Model Class: LP
Total variables: 2
Nonlinear variables: 0
Integer variables: 0

Total constraints: 2
Nonlinear constraints: 0
Total nonzeros: 4
Nonlinear nonzeros: 0

Variable	Value
X	-1.000000
Y	5.000000
Row	Slack or Surplus
1	0.000000
2	0.000000

【例 2.7】 求解线性规划问题:

$$\max z = 72x_1 + 64x_2,$$

$$\text{s.t.} \begin{cases} x_1+x_2 \leq 50, \\ 12x_1+8x_2 \leq 480, \\ 3x_1 \leq 100, \\ x_1,x_2 \geq 0. \end{cases}$$

解 在 LINGO 18.0 运行窗口输入如下代码:

max=72 * x1+64 * x2;
x1+x2<=50;
12 * x1+8 * x2<=480;
3 * x1<=100;

单击求解按钮◎得到如下结果:

```
Global optimal solution found.
Objective value:                  3360.000
Infeasibilities:                  0.000000
Total solver iterations:          2
Elapsed runtime seconds:          0.51
Model Class:                      LP

Total variables:         2
Nonlinear variables:     0
Integer variables:       0
Total constraints:       4
Nonlinear constraints:   0
Total nonzeros:          7
Nonlinear nonzeros:      0
```

Variable	Value
X1	20.00000
X2	30.00000

Row	Slack or Surplus
1	3360.000
2	0.000000
3	0.000000
4	40.00000

【例 2.8】 线性规划问题的影子价格与灵敏度分析.

影子价格(shadow price),又称最优计划价格或计算价格. 国内外对此有着不同的论述. 国内一些项目分析类书籍认为,影子价格是资源和产品在完全自由竞争市场中的供求均衡价格. 国外有学者认为,影子价格是没有市场价格的商品或服务的推算价格,它代表着生产或消费某种商品的机会成本. 还有学者将影子价格定义为商品或生产要素的边际增量所引起的社会福利的增加值. 主要有以下一些说法：

影子价格是投资项目经济评价的重要参数,它是指社会处于某种最优状态下,能够反映社会劳动消耗、资源稀缺程度和最终产品需求状况的价格. 影子价格是社会对货物真实价值的度量,只有在完善的市场条件下才会出现. 然而这种完善的市场条件是不存在的,因此现成的影子价格也是不存在的,只有通过对现行价格的调整,才能求得它的近似值.

影子价格是用线性规则方法计算出来的反映资源最优使用效果的价格. 用微积分描述资源的影子价格,即当资源增加一个数量而得到目标函数新的最大值时,目标函数最大值的增量与资源的增量的比值,就是目标函数对约束条件(即资源)的一阶偏导数. 用线性规划方法求解资源最优利用时,即在解决如何使有限资源的总产出最大的过程中,得出相应的极小值,其解就是对偶解,极小值作为对资源的经济评价,表现为影子价格. 这种影子价格反映了劳动产品、自然资源、劳动力的最优使用效果. 另外一种影子价格用于效用与费用分析,广泛地被用于投资项目和进出口活动的经济评价. 例如,把投资的影子价格理解为资本的边际生产率与社会贴现率的比值时,用来评价一笔钱用于投资还是用于消费的利亏；把外汇的影子价格理解为市场供求均衡价格与官方到岸价格的比率,用来评价用外汇购买商品的利亏,使有限外汇进口值最大.因此,这种影子价格含有机会成本即替代比较的意思,一般称为广义的影子价格.

  影子价格是指当社会经济处于某种最优状态时,能够反映社会劳动的消耗、资源稀缺程度和最终产品需求情况的价格.可见,影子价格是人为确定的、比交换价格更为合理的价格.这里所说的"合理"的标志,从定价原则来看,能更好地反映产品的价值,反映市场供求状况,反映资源稀缺程度;从价格产出的效果来看,能使资源配置向优化的方向发展.

  影子价格反映在项目的产出上是一种消费者的"支付意愿"或者"愿付意愿".只有在供求完全均衡时,市场价格才代表愿付价格.影子价格反映在项目的投入上是资源不投入该项目,而投在其他经济活动中所能带来的效益,也就是项目的投入是以放弃了本来可以得到的效益为代价的.西方经济学家称其为"机会成本".根据"支付意愿"或者"机会成本"的原则确定影子价格后,就可以测算出拟建项目要求经济整体支付的代价和为经济整体提供的效益.从而得出拟建项目的投资真正能给社会带来多少国民收入增加额或纯收入增加额.

  下面以【例 2.7】为例,说明线性规划问题的影子价格与灵敏度分析:
模型为

$$\max\ z = 72x_1 + 64x_2,$$

$$\text{s. t.}\begin{cases} x_1 + x_2 \leq 50, \\ 12x_1 + 8x_2 \leq 480, \\ 3x_1 \leq 100, \\ x_1, x_2 \geq 0. \end{cases}$$

1. 参数设置

在 LINGO 18.0 运行窗口输入如下代码:

```
max = 72 * x1 + 64 * x2;
x1 + x2 <= 50;
12 * x1 + 8 * x2 <= 480;
3 * x1 <= 100;
```

进行灵敏度分析,必须选择如图 2.2 所示的参数选项,打开 LINGO 18.0,依次选择 Solver→Options,打开 LINGO Options 面板,选中 General Solver,在 Dual Computations 下选择 Prices,然后单击"应用"按钮,再单击 OK 按钮关闭 LINGO Options 面板.单击求解按钮🔘得到包含灵敏度分析的结果如图 2.3 所示.

  从结果可知,目标函数的最优值为 3360,决策变量 $x_1 = 20, x_2 = 30.$

  (1) reduced cost 值对应于单纯形法计算过程中各变量的检验数.

  (2) 图 2.3 中底部上方标示的方框表示第一个约束条件,Slack or Surplus 值为 0 表示该约束松弛变量为 0,约束等号成立,为紧约束或有效约束.底部下方标示的方框表示第三个约束松弛变量为 40,不等号成立,资源有剩余.

  (3) Dual Price 对应影子价格,上方方框表示当第一个约束条件右端常数项增加 1 个单位,即由 50 变为 51 时,目标函数值增加 48,即约束条件 1 所代表的资源的影子价格.下方方框表示,第三个约束条件右端常数项增加 1 个单位时,目标函数值不变.

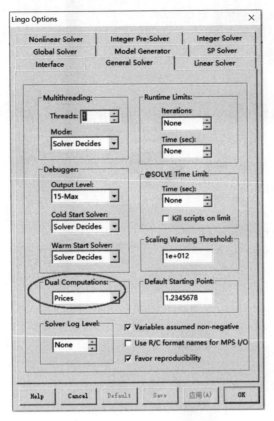

图 2.2　LINGO Options 面板设置

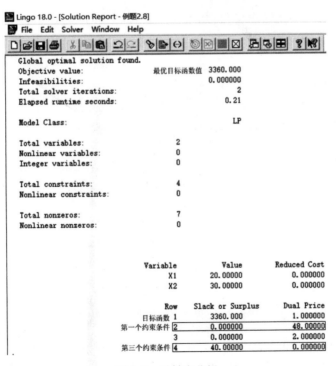

图 2.3　灵敏度分析

2. 确保最优基不变的系数变化范围

如果想要研究目标函数的系数和约束右端常数项系数在什么范围变化(假定其他系数保持不变)时,最优基保持不变,需要首先确定如图 2.4 所示的参数选项.

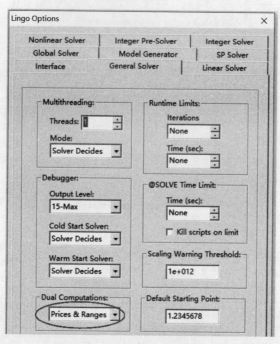

图 2.4 lingo Options 设置

重新运行程序,关闭输出窗口,从菜单依次选择 Solver→Options,即可得到如图 2.5 所示的输出窗口.

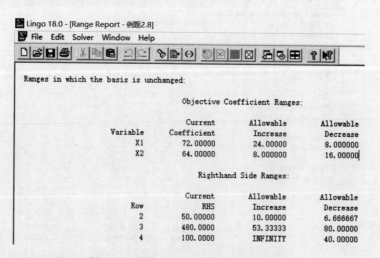

图 2.5 灵敏度分析范围变化输出窗口

(1) Objective Coefficient Ranges 一栏反映了目标函数中决策变量的价值系数,可以看到 x_1 的系数是 72,x_2 的系数是 64,说明 x_1 要想确保当前最优基不变,在其他系数不变的情况下,x_1 系数的变化范围为 $(64,96)$(这里 $72-8=64,72+24=96$),当 x_1 的系数在这个范围内变化时,最优解不变,但是最优目标函数值发生变化,同样,x_2 系数的变化范围为 $(48,72)$.

(2) Righthand Side Ranges 一栏反映了约束条件右端代表资源系数的常数项,可见第一个约束右端常数项在 $(43.333333,60)$ 变化时,最优基不变,但是最优解发生变化,目标函数值也相应地发生变化. 由于第三个约束松弛变量为 40,资源有剩余,因此无论再如何增加该资源,只会使该资源剩得更多,对解没有影响,但是如果减少量超过 40,就会产生影响.

【例 2.9】 抛物面 $z=x^2+y^2$ 被平面 $x+y+z=1$ 截成一椭圆,求原点到这椭圆的最短距离.

解 该问题可以用拉格朗日乘数法求解,下面把问题归结为数学规划模型,用 LINGO 软件求解.

设原点到椭圆上点 (x,y,z) 的距离最短,建立如下的数学规划模型:

$$\min \sqrt{x^2+y^2+z^2},$$
$$\text{s. t.} \begin{cases} x+y+z=1, \\ z=x^2+y^2. \end{cases}$$

编写 LINGO 求解程序:

min=(x^2+y^2+z^2)^(1/2);
x+y+z=1;
z=x^2+y^2;
@free(x);@free(y);

!LINGO 中默认所有变量都是非负的,这里 x,y 的取值是可正可负的,所以使用 LINGO 函数@free;
单击求解按钮 得到如下结果:

Local optimal solution found.
Objective value: 0.5828773
Infeasibilities: 0.000000
Extended solver steps: 5
Best multistart solution found at step: 1
Total solver iterations: 61
Elapsed runtime seconds: 0.21
Model Class: NLP

Total variables: 3
Nonlinear variables: 3
Integer variables: 0
Total constraints: 3
Nonlinear constraints: 2
Total nonzeros: 9
Nonlinear nonzeros: 5

Variable	Value
X	0.3660254
Y	0.3660254

Z	0.2679492
Row	Slack or Surplus
1	0.5828773
2	0.000000
3	0.000000

【例 2.10】 求解数学规划模型:

$$\min \sqrt{\sum_{i=1}^{100} x_i^2},$$

$$\text{s. t.} \begin{cases} \sum_{i=1}^{100} x_i = 1, \\ x_{100} = \sum_{i=1}^{99} x_i^2. \end{cases}$$

解 编写 LINGO 程序,使用集合和函数比较方便,使用集合的目的是定义向量,集合使用前,必须先定义;LINGO 程序中的标量不需要定义,直接使用即可. LINGO 程序如下:

```
!使用集合定义向量;
sets:
var/1..100/:x;
endsets
min=@sqrt(@sum(var(i):x(i)^2));
@sum(var(i):x(i))=1;
x(100)=@sum(var(i)|i#le#99:x(i)^2);
@for(var(i)|i#le#99:@free(x(i)));
!如果不使用集合和函数,全部使用标量 x1,x2,…,x100,最后一个约束就要写 99 遍,即@free
(x1);…;@free(x99);
```

单击求解按钮 得到如下结果:

Local optimal solution found.

Objective value:	0.1000000
Infeasibilities:	0.000000
Total solver iterations:	21
Elapsed runtime seconds:	0.09
Model Class:	NLP
Total variables:	100
Nonlinear variables:	100
Integer variables:	0
Total constraints:	3
Nonlinear constraints:	2
Total nonzeros:	300
Nonlinear nonzeros:	199

Variable	Value	Reduced Cost
X(1)	0.1000099E-01	0.000000

X(2)	0.1000099E-01	-0.1483775E-08
X(3)	0.1000099E-01	-0.1483751E-08
X(4)	0.1000099E-01	-0.1483703E-08
X(5)	0.1000099E-01	-0.1483703E-08
X(6)	0.1000099E-01	-0.1483703E-08
X(7)	0.1000099E-01	-0.1483703E-08
X(8)	0.1000099E-01	-0.1483703E-08
X(9)	0.1000099E-01	-0.1483703E-08
X(10)	0.1000099E-01	-0.1483703E-08
X(11)	0.1000099E-01	-0.1483703E-08
X(12)	0.1000099E-01	-0.1483703E-08
X(13)	0.1000099E-01	-0.1483703E-08
X(14)	0.1000099E-01	-0.1483703E-08
X(15)	0.1000099E-01	-0.1483703E-08
X(16)	0.1000099E-01	-0.1483703E-08
X(17)	0.1000099E-01	-0.1483703E-08
X(18)	0.1000099E-01	-0.1483703E-08
X(19)	0.1000099E-01	-0.1483703E-08
X(20)	0.1000099E-01	-0.1483703E-08
X(21)	0.1000099E-01	-0.1483703E-08
X(22)	0.1000099E-01	-0.1483703E-08
X(23)	0.1000099E-01	-0.1483703E-08
X(24)	0.1000099E-01	-0.1483703E-08
X(25)	0.1000099E-01	-0.1483703E-08
X(26)	0.1000099E-01	-0.1483703E-08
X(27)	0.1000099E-01	-0.1483703E-08
X(28)	0.1000099E-01	-0.1483703E-08
X(29)	0.1000099E-01	-0.1483703E-08
X(30)	0.1000099E-01	-0.1483703E-08
X(31)	0.1000099E-01	-0.1483703E-08
X(32)	0.1000099E-01	-0.1483703E-08
X(33)	0.1000099E-01	-0.1483703E-08
X(34)	0.1000099E-01	-0.1483703E-08
X(35)	0.1000099E-01	-0.1483703E-08
X(36)	0.1000099E-01	-0.1483703E-08
X(37)	0.1000099E-01	-0.1483703E-08
X(38)	0.1000099E-01	-0.1483703E-08
X(39)	0.1000099E-01	-0.1483703E-08
X(40)	0.1000099E-01	-0.1483703E-08
X(41)	0.1000099E-01	-0.1483703E-08
X(42)	0.1000099E-01	-0.1483703E-08
X(43)	0.1000099E-01	-0.1483703E-08
X(44)	0.1000099E-01	-0.1483703E-08

X(45)	0.1000099E-01	-0.1483703E-08
X(46)	0.1000099E-01	-0.1483703E-08
X(47)	0.1000099E-01	-0.1483703E-08
X(48)	0.1000099E-01	-0.1483703E-08
X(49)	0.1000099E-01	-0.1483703E-08
X(50)	0.1000099E-01	-0.1483703E-08
X(51)	0.1000099E-01	-0.1483703E-08
X(52)	0.1000099E-01	-0.1483703E-08
X(53)	0.1000099E-01	-0.1483703E-08
X(54)	0.1000099E-01	-0.1483703E-08
X(55)	0.1000099E-01	-0.1483703E-08
X(56)	0.1000099E-01	-0.1483703E-08
X(57)	0.1000099E-01	-0.1483703E-08
X(58)	0.1000099E-01	-0.1483703E-08
X(59)	0.1000099E-01	-0.1483703E-08
X(60)	0.1000099E-01	-0.1483703E-08
X(61)	0.1000099E-01	-0.1483703E-08
X(62)	0.1000099E-01	-0.1483703E-08
X(63)	0.1000099E-01	-0.1483703E-08
X(64)	0.1000099E-01	-0.1483703E-08
X(65)	0.1000099E-01	-0.1483703E-08
X(66)	0.1000099E-01	-0.1483703E-08
X(67)	0.1000099E-01	-0.1483703E-08
X(68)	0.1000099E-01	-0.1483703E-08
X(69)	0.1000099E-01	-0.1483703E-08
X(70)	0.1000099E-01	-0.1483703E-08
X(71)	0.1000099E-01	-0.1483703E-08
X(72)	0.1000099E-01	-0.1483703E-08
X(73)	0.1000099E-01	-0.1483703E-08
X(74)	0.1000099E-01	-0.1483703E-08
X(75)	0.1000099E-01	-0.1483703E-08
X(76)	0.1000099E-01	-0.1483703E-08
X(77)	0.1000099E-01	-0.1483703E-08
X(78)	0.1000099E-01	-0.1483703E-08
X(79)	0.1000099E-01	-0.1483703E-08
X(80)	0.1000099E-01	-0.1483703E-08
X(81)	0.1000099E-01	-0.1483703E-08
X(82)	0.1000099E-01	-0.1483703E-08
X(83)	0.1000099E-01	-0.1483703E-08
X(84)	0.1000099E-01	-0.1483703E-08
X(85)	0.1000099E-01	-0.1483703E-08
X(86)	0.1000099E-01	-0.1483703E-08
X(87)	0.1000099E-01	-0.1483703E-08

X(88)	0.1000099E-01	-0.1483703E-08
X(89)	0.1000099E-01	-0.1483703E-08
X(90)	0.1000099E-01	-0.1483703E-08
X(91)	0.1000099E-01	-0.1483703E-08
X(92)	0.1000099E-01	-0.1483703E-08
X(93)	0.1000099E-01	-0.1483703E-08
X(94)	0.1000099E-01	-0.1483703E-08
X(95)	0.1000099E-01	-0.1483703E-08
X(96)	0.1000099E-01	-0.1483703E-08
X(97)	0.1000099E-01	-0.1483703E-08
X(98)	0.1000099E-01	-0.1483703E-08
X(99)	0.1000099E-01	-0.1484134E-08
X(100)	0.9901961E-02	0.000000
Row	Slack or Surplus	Dual Price
1	0.1000000	-1.000000
2	0.000000	-0.9999044E-01
3	0.000000	0.9708757E-03

这里 0.1000099E-01 表示 0.1000099×10^{-1},0.9901961E-02 表示 0.9901961×10^{-2},其他类似理解.

E 在很多数学软件中都表示 10 的幂次方.

【例 2.11】 求向量[5,1,3,4,6,10]前 5 个数的和.

解 编写 LINGO 程序,模型数据段以关键字"data:"开始,以关键字"enddata"结束,LINGO 程序如下:

```
model:
!使用数据段定义数据;
data:
    N=6;
Enddata
!使用集合定义数据;
sets:
    number/1..N/:x;
endsets
!使用数据段定义数据;
data:
    x = 5 1 3 4 6 10;
enddata
    s=@sum(number(i) |i #le# 5: x);
end
```

单击求解按钮◎得到如下结果:

Feasible solution found.
Total solver iterations: 0
Elapsed runtime seconds: 0.05

Model Class:	...
Total variables:	0
Nonlinear variables:	0
Integer variables:	0
Total constraints:	0
Nonlinear constraints:	0
Total nonzeros:	0
Nonlinear nonzeros:	0

Variable	Value
N	6.000000
S	19.00000
X(1)	5.000000
X(2)	1.000000
X(3)	3.000000
X(4)	4.000000
X(5)	6.000000
X(6)	10.00000

Row	Slack or Surplus
1	0.000000

【例 2.12】 求向量[5,1,3,4,6,10]前 5 个数的最小值,后 3 个数的最大值.

解 与上题类似,编写 LINGO 程序如下:

```
model:
data:
  N=6;
enddata
sets:
  number/1..N/:x;
endsets
data:
  x = 5 1 3 4 6 10;
enddata
  minv=@min(number(i) |i #le# 5: x);
  maxv=@max(number(i) |i #ge# N-2: x);
end
```

单击求解按钮 得到如下结果:

Feasible solution found.

Total solver iterations:	0
Elapsed runtime seconds:	0.05
Model Class:	...
Total variables:	0
Nonlinear variables:	0
Integer variables:	0

Total constraints:	0	
Nonlinear constraints:	0	
Total nonzeros:	0	
Nonlinear nonzeros:	0	

Variable	Value
N	6.000000
MINV	1.000000
MAXV	10.00000
X(1)	5.000000
X(2)	1.000000
X(3)	3.000000
X(4)	4.000000
X(5)	6.000000
X(6)	10.00000

Row	Slack or Surplus
1	0.000000
2	0.000000

【例 2.13】 使用 LINGO 18.0 软件计算 6 个发点 8 个收点的最小费用运输问题. 产销单位运价见表 2.6 所示.

表 2.6 产销单位运价表

产地＼销地	B_1	B_2	B_3	B_4	B_5	B_6	B_7	B_8	产量
A_1	6	2	6	7	4	2	5	9	60
A_2	4	9	5	3	8	5	8	2	55
A_3	5	2	1	9	7	4	3	3	51
A_4	7	6	7	3	9	2	7	1	43
A_5	2	3	9	5	7	2	6	5	41
A_6	5	5	2	2	8	1	4	3	52
销量	35	37	22	32	41	32	43	38	

解 编写 LINGO 程序如下：

model:
!6发点8收点运输问题;
sets:
chandis/A1..A6/:capacity;
xiaodis/B1..B8/:demand;
links(chandis,xiaodis):cost,volume;
endsets
!目标函数域;
min=@sum(links:cost*volume);
!需求约束域;
@for(xiaodis(j):

```
@sum( chandis (i):volume(i,j))= demand(j));
!产量约束;
@for( chandis(i):
@sum( xiaodis(j):volume(i,j))<=capacity(i));
!数据域;
data:
    capacity =
```

60	55	51	43	41	52

;
demand =

35	37	22	32	41	32	43	38

;
cost =

6	2	6	7	4	2	5	9
4	9	5	3	8	5	8	2
5	2	1	9	7	4	3	3
7	6	7	3	9	2	7	1
2	3	9	5	7	2	6	5
5	5	2	2	8	1	4	3

;
enddata
end

单击求解按钮 得到如下结果:

Global optimal solution found.
Objective value: 664.0000
Infeasibilities: 0.000000
Total solver iterations: 17
Elapsed runtime seconds: 0.06
Model Class: LP
Total variables: 48
Nonlinear variables: 0
Integer variables: 0
Total constraints: 15
Nonlinear constraints: 0
Total nonzeros: 144
Nonlinear nonzeros: 0

Variable	Value	Reduced Cost
CAPACITY(A1)	60.00000	0.000000
CAPACITY(A2)	55.00000	0.000000
CAPACITY(A3)	51.00000	0.000000

CAPACITY(A4)	43.00000	0.000000
CAPACITY(A5)	41.00000	0.000000
CAPACITY(A6)	52.00000	0.000000
DEMAND(B1)	35.00000	0.000000
DEMAND(B2)	37.00000	0.000000
DEMAND(B3)	22.00000	0.000000
DEMAND(B4)	32.00000	0.000000
DEMAND(B5)	41.00000	0.000000
DEMAND(B6)	32.00000	0.000000
DEMAND(B7)	43.00000	0.000000
DEMAND(B8)	38.00000	0.000000
COST(A1, B1)	6.000000	0.000000
COST(A1, B2)	2.000000	0.000000
COST(A1, B3)	6.000000	0.000000
COST(A1, B4)	7.000000	0.000000
COST(A1, B5)	4.000000	0.000000
COST(A1, B6)	2.000000	0.000000
COST(A1, B7)	5.000000	0.000000
COST(A1, B8)	9.000000	0.000000
COST(A2, B1)	4.000000	0.000000
COST(A2, B2)	9.000000	0.000000
COST(A2, B3)	5.000000	0.000000
COST(A2, B4)	3.000000	0.000000
COST(A2, B5)	8.000000	0.000000
COST(A2, B6)	5.000000	0.000000
COST(A2, B7)	8.000000	0.000000
COST(A2, B8)	2.000000	0.000000
COST(A3, B1)	5.000000	0.000000
COST(A3, B2)	2.000000	0.000000
COST(A3, B3)	1.000000	0.000000
COST(A3, B4)	9.000000	0.000000
COST(A3, B5)	7.000000	0.000000
COST(A3, B6)	4.000000	0.000000
COST(A3, B7)	3.000000	0.000000
COST(A3, B8)	3.000000	0.000000
COST(A4, B1)	7.000000	0.000000
COST(A4, B2)	6.000000	0.000000
COST(A4,B3)	7.000000	0.000000
COST(A4, B4)	3.000000	0.000000
COST(A4, B5)	9.000000	0.000000
COST(A4, B6)	2.000000	0.000000
COST(A4, B7)	7.000000	0.000000
COST(A4, B8)	1.000000	0.000000

COST(A5, B1)	2.000000	0.000000
COST(A5, B2)	3.000000	0.000000
COST(A5, B3)	9.000000	0.000000
COST(A5, B4)	5.000000	0.000000
COST(A5, B5)	7.000000	0.000000
COST(A5, B6)	2.000000	0.000000
COST(A5, B7)	6.000000	0.000000
COST(A5, B8)	5.000000	0.000000
COST(A6, B1)	5.000000	0.000000
COST(A6, B2)	5.000000	0.000000
COST(A6, B3)	2.000000	0.000000
COST(A6, B4)	2.000000	0.000000
COST(A6, B5)	8.000000	0.000000
COST(A6, B6)	1.000000	0.000000
COST(A6, B7)	4.000000	0.000000
COST(A6, B8)	3.000000	0.000000
VOLUME(A1, B1)	0.000000	5.000000
VOLUME(A1, B2)	19.00000	0.000000
VOLUME(A1, B3)	0.000000	5.000000
VOLUME(A1, B4)	0.000000	7.000000
VOLUME(A1, B5)	41.00000	0.000000
VOLUME(A1, B6)	0.000000	2.000000
VOLUME(A1, B7)	0.000000	2.000000
VOLUME(A1, B8)	0.000000	10.00000
VOLUME(A2, B1)	1.000000	0.000000
VOLUME(A2, B2)	0.000000	4.000000
VOLUME(A2, B3)	0.000000	1.000000
VOLUME(A2, B4)	32.00000	0.000000
VOLUME(A2, B5)	0.000000	1.000000
VOLUME(A2, B6)	0.000000	2.000000
VOLUME(A2, B7)	0.000000	2.000000
VOLUME(A2, B8)	0.000000	0.000000
VOLUME(A3, B1)	0.000000	4.000000
VOLUME(A3, B2)	11.00000	0.000000
VOLUME(A3, B3)	0.000000	0.000000
VOLUME(A3, B4)	0.000000	9.000000
VOLUME(A3, B5)	0.000000	3.000000
VOLUME(A3, B6)	0.000000	4.000000
VOLUME(A3, B7)	40.00000	0.000000
VOLUME(A3, B8)	0.000000	4.000000
VOLUME(A4, B1)	0.000000	4.000000
VOLUME(A4, B2)	0.000000	2.000000
VOLUME(A4, B3)	0.000000	4.000000

VOLUME(A4, B4)	0.000000	1.000000
VOLUME(A4, B5)	0.000000	3.000000
VOLUME(A4, B6)	5.000000	0.000000
VOLUME(A4, B7)	0.000000	2.000000
VOLUME(A4, B8)	38.00000	0.000000
VOLUME(A5, B1)	34.00000	0.000000
VOLUME(A5, B2)	7.000000	0.000000
VOLUME(A5, B3)	0.000000	7.000000
VOLUME(A5, B4)	0.000000	4.000000
VOLUME(A5, B5)	0.000000	2.000000
VOLUME(A5, B6)	0.000000	1.000000
VOLUME(A5, B7)	0.000000	2.000000
VOLUME(A5, B8)	0.000000	5.000000
VOLUME(A6, B1)	0.000000	3.000000
VOLUME(A6, B2)	0.000000	2.000000
VOLUME(A6, B3)	22.00000	0.000000
VOLUME(A6, B4)	0.000000	1.000000
VOLUME(A6, B5)	0.000000	3.000000
VOLUME(A6, B6)	27.00000	0.000000
VOLUME(A6, B7)	3.000000	0.000000
VOLUME(A6, B8)	0.000000	3.000000

Row	Slack or Surplus	Dual Price
1	664.0000	−1.000000
2	0.000000	−4.000000
3	0.000000	−5.000000
4	0.000000	−4.000000
5	0.000000	−3.000000
6	0.000000	−7.000000
7	0.000000	−3.000000
8	0.000000	−6.000000
9	0.000000	−2.000000
10	0.000000	3.000000
11	22.00000	0.000000
12	0.000000	3.000000
13	0.000000	1.000000
14	0.000000	2.000000
15	0.000000	2.000000

小结一下 LINGO 模型最基本的组成要素：

集合段：以"SETS:"开始，以"ENDSETS"结束．作用在于定义必要的集合和属性．注意一个细节，可以定义 QUARTERS/1,2,3,4/，即使 QUARTERS 有 1000 个元素，也不必将其一一列出，而可以简写为 QUARTERS/1..1000/．

目标和约束段：这部分不像其他部分，没有段的开始和结束的标记，因此是除去其他段以外的所有语句．

数据段：以"DATA:"开始,以"ENDDATA"结束,作用在于对集合的属性输入必要的常数数据,格式为：

属性 = 常数列表；

常数列表中的常数以逗号或空格分开.

初始段：以"INIT:"开始,以"ENDINIT"结束.作用在于对集合的属性定义初值.因为求解算法是迭代算法,所以一个好的初值可以让程序更快解决.定义初值的格式为：

属性 = 常数列表；

计算段：以"CALC:"开始,以"ENDCALC"结束,作用在于对一些原始数据进行计算处理,这种处理是在输入数据后、求解模型前进行的.要注意的是计算段中语句是按顺序执行的,语句不能调换.

目标函数表达式 $\min \sum_{i=1}^{m} \sum_{j=1}^{n} c_{ij} x_{ij}$ 用 LINGO 语句表示为

min = @sum(links(i,j) : c(i,j) * x(i,j));

式中,@sum 是 LINGO 提供的内部函数,其作用是对某个集合的所有成员求指定表示式的和,该函数需要两个参数,第一个参数是集合名称,指定对该集合的所有成员求和；第二个参数是一个表达式,表示求和运算对该表达式进行,两个参数之间用冒号分隔,此处@sum 的第一个参数是 links(i,j),表示求和运算对派生集合 links 进行,该集合的维数是 2,共有 m×n 个成员,运算规则是：先对 m×n 个成员分别求表达式 c(i,j) * x(i,j) 的值,然后求和,相当于求 $\sum_{i=1}^{m} \sum_{j=1}^{n} c_{ij} x_{ij}$,表达式中的 c 和 x 是集合 links 的两个属性,它们各有 m×n 个分量.

【例 2.14】 求解线性整数规划问题：

$$\max z = x_1 + x_2,$$

$$\text{s. t.} \begin{cases} x_1 + \dfrac{9}{14} x_2 \leqslant \dfrac{51}{14}, \\ -2x_1 + x_2 \leqslant \dfrac{1}{3}, \\ x_1, x_2 \geqslant 0, x_1, x_2 \text{ 为整数}. \end{cases}$$

解 编写 LINGO 程序如下：

model:
max = x1+x2;
x1+9/14 * x2<=51/14;
-2 * x1+x2<=1/3;
@gin(x1);@gin(x2);
End

单击求解按钮 得到如下结果：

Global optimal solution found.
Objective value: 4.000000
Objective bound: 4.000000
Infeasibilities: 0.000000

Extended solver steps:	0	
Total solver iterations:	0	
Elapsed runtime seconds:	0.09	
Model Class:	PILP	
Total variables:	2	
Nonlinear variables:	0	
Integer variables:	2	
Total constraints:	3	
Nonlinear constraints:	0	
Total nonzeros:	6	
Nonlinear nonzeros:	0	

Variable	Value	Reduced Cost
X1	3.000000	−1.000000
X2	1.000000	−1.000000

Row	Slack or Surplus	Dual Price
1	4.000000	1.000000
2	0.000000	0.000000
3	5.333333	0.000000

求得 $x_1=3, x_2=1$, 最大值为 4. 但运用 MATLAB 求时可以发现有两组解: $x_1=3, x_2=1$ 和 $x_1=2, x_2=2$. 通过验证也可知这两组解均满足. LINGO 的一个缺陷是: 每次只能输出最优解中的一个(有时不只一个). 那么, 怎样求得其他解呢? 一个办法是将求得的解作为约束条件, 约束 x_1 不等于 3, x_2 不等于 1, 再求解. 编写 LINGO 程序如下:

```
model:
max=x1+x2;
x1+9/14*x2<=51/14;
-2*x1+x2<=1/3;
@gin(x1);@gin(x2);
@abs(x1-3)>0.001;
@abs(x2-1)>0.001;
End
```

单击求解按钮 ◎ 得到如下结果:

Global optimal solution found.		
Objective value:	4.000000	
Objective bound:	4.000000	
Infeasibilities:	0.000000	
Extended solver steps:	0	
Total solver iterations:	0	
Elapsed runtime seconds:	0.05	
Model Class:	MILP	
Total variables:	10	
Nonlinear variables:	0	
Integer variables:	4	

Total constraints:	13	
Nonlinear constraints:	0	
Total nonzeros:	28	
Nonlinear nonzeros:	0	
Linearization components added:		
Constraints:	8	
Variables:	8	
Integers:	2	

Variable	Value	Reduced Cost
X1	2.000000	−1.000000
X2	2.000000	−1.000000

Row	Slack or Surplus	Dual Price
1	4.000000	1.000000
2	0.3571429	0.000000
3	2.333333	0.000000
4	0.9990000	0.000000
5	0.9990000	0.000000

求得 $x_1=2, x_2=2$. 若再次排除这组解,则发现 LINGO 解不出第三组解了,这时可以断定:此优化模型有两组解,即 $x_1=3, x_2=1$,以及 $x_1=2, x_2=2$. 求解模型时需注意:在 LINGO 中,默认变量均为非负;输出的解可能是最优解中的一组,要判断、检验是否还有其他解(根据具体问题的解的情况或用排除已知最优解的约束条件法).

【例 2.15】 求解非线性整数规划问题:

$$\max z = x_1^2 + x_2^2 + 3x_3^2 + 4x_4^2 + 2x_5^2 - 8x_1 - 2x_2 - 3x_3 - x_4 - 2x_5,$$

$$\text{s.t.} \begin{cases} 0 \leqslant x_i \leqslant 99, \\ x_1 + x_2 + x_3 + x_4 + x_5 \leqslant 400, \\ x_1 + 2x_2 + 2x_3 + x_4 + 6x_5 \leqslant 800, \\ 2x_1 + x_2 + 6x_3 \leqslant 200, \\ x_3 + x_4 + 5x_5 \leqslant 200. \end{cases}$$

解 编写 LINGO 程序如下:

model:
sets:
row/1..4/:b;
col/1..5/:c1,c2,x;
link(row,col):a;
endsets
data:
c1=1,1,3,4,2;
c2=-8,-2,-3,-1,-2;
a=1 1 1 1 1
1 2 2 1 6

2 1 6 0 0
0 0 1 1 5;
b=400,800,200,200;
enddata
max=@sum(col:c1*x^2+c2*x);
@for(row(i):@sum(col(j):a(i,j)*x(j))<b(i));
@for(col:@gin(x));
@for(col:@bnd(0,x,99));
End

单击求解按钮 ◉ 得到如下结果：

Local optimal solution found.
Objective value: 49428.00
Objective bound: 49428.00
Infeasibilities: 0.000000
Extended solver steps: 0
Total solver iterations: 19
Elapsed runtime seconds: 0.14
Model Class: PIQP
Total variables: 5
Nonlinear variables: 5
Integer variables: 5
Total constraints: 5
Nonlinear constraints: 1
Total nonzeros: 21
Nonlinear nonzeros: 5

Variable	Value	Reduced Cost
B(1)	400.0000	0.000000
B(2)	800.0000	0.000000
B(3)	200.0000	0.000000
B(4)	200.0000	0.000000
C1(1)	1.000000	0.000000
C1(2)	1.000000	0.000000
C1(3)	3.000000	0.000000
C1(4)	4.000000	0.000000
C1(5)	2.000000	0.000000
C2(1)	-8.000000	0.000000
C2(2)	-2.000000	0.000000
C2(3)	-3.000000	0.000000
C2(4)	-1.000000	0.000000
C2(5)	-2.000000	0.000000
X(1)	0.000000	8.000000
X(2)	99.00000	-196.0000
X(3)	16.00000	-93.00001

X(4)	99.00000	-791.0000
X(5)	0.000000	2.000000
A(1, 1)	1.000000	0.000000
A(1, 2)	1.000000	0.000000
A(1, 3)	1.000000	0.000000
A(1, 4)	1.000000	0.000000
A(1, 5)	1.000000	0.000000
A(2, 1)	1.000000	0.000000
A(2, 2)	2.000000	0.000000
A(2, 3)	2.000000	0.000000
A(2, 4)	1.000000	0.000000
A(2, 5)	6.000000	0.000000
A(3, 1)	2.000000	0.000000
A(3, 2)	1.000000	0.000000
A(3, 3)	6.000000	0.000000
A(3, 4)	0.000000	0.000000
A(3, 5)	0.000000	0.000000
A(4, 1)	0.000000	0.000000
A(4, 2)	0.000000	0.000000
A(4, 3)	1.000000	0.000000
A(4, 4)	1.000000	0.000000
A(4, 5)	5.000000	0.000000

Row	Slack or Surplus	Dual Price
1	49428.00	1.000000
2	186.0000	0.000000
3	471.0000	0.000000
4	5.000000	0.000000
5	85.00000	0.000000

求得 $x1=0, x2=99, x3=16, x4=99, x5=0$. 最大值为 49428. 可以用【例 2.14】的方法进一步研究其他解.

2.4 本章小结

本章介绍了 LINGO 18.0 基础. 2.1 节介绍了 LINGO 模型组成; 2.2 节介绍了 LINGO 运算符与函数; 2.3 节介绍了 LINGO 子模型及程序设计, 重点介绍了 LINGO 程序设计、LINGO 程序实例等内容.

习 题 2

1. 有 x, y, z 三个数, 它们之间的关系要满足: x, y 都不超过 16, 并且都不小于 -10; x 是偶数, y 是奇数; $2x-y+z \leqslant 3, y+3z \geqslant 8, 3x+y+2z \geqslant 11$. 回答下列问题:

(1) x, y, z 分别等于多少时, 它们的和最大?

(2) x,y,z 分别等于多少时,它们绝对值的和最大?
(3) x,y,z 分别等于多少时,它们和的绝对值最大?
(4) x,y,z 分别等于多少时,它们的积最大?
(5) x,y,z 分别等于多少时,它们绝对值的积最大?
(6) x,y,z 分别等于多少时,它们积的绝对值最大?
(7) x,y,z 分别等于多少时,它们中的最大者和最小者之差最大?
(8) x,y,z 分别等于多少时,它们中的最大者和最小者之差最小?

2. 混合配料问题:某厂准备将具有下列成分的几种现成合金混合起来,铸造成为一种含铅 30%、含锌 20%、含锡 50% 的新合金. 有关数据见表 2.7.

表 2.7 合金数据表

合金 含量	A	B	C	D	E
含铅/%	30	10	50	10	50
含锌/%	60	20	20	10	10
含锡/%	10	70	30	80	40
费用/(元/kg)	8.5	6.0	8.9	5.7	8.8

应如何混合这些合金,使得既满足新合金的要求又花费最小?

3. 城市某区的排涝管道系统以及管道容量有向网络图如图 2.6 所示.

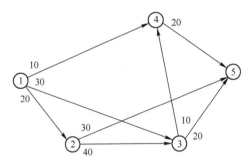

图 2.6 排涝管道系统示意图

回答下列问题:
(1) 请建立从节点 1 到节点 5 的最大流问题的线性规划模型.
(2) 节点 1 到节点 5 的最大流量是多少?

4. 用 LINGO 求解下列线性规划:
(1) max $z = 6x_1 + 2x_2 + 3x_3 + 9x_4$,

s.t. $\begin{cases} 5x_1 + 6x_2 - 4x_3 - 4x_4 \leq 2, \\ 3x_1 - 3x_2 + 2x_3 + 8x_4 \leq 25, \\ 4x_1 + 2x_2 - x_3 + 3x_4 \leq 10, \\ x_i \geq 0, i = 1, 2, 3, 4. \end{cases}$

(2) $\min z = 10x_1 + 2x_2 + x_3 + 8x_4 + 6x_5$,

s.t. $\begin{cases} x_1 + x_3 = 100, \\ x_2 + x_4 = 200, \\ x_3 + x_5 = 300, \\ x_4 + x_5 = 500, \\ x_1 + 2x_2 + x_3 + x_4 - x_5 \geq -400, \\ 2x_1 + 3x_4 + 4x_5 \geq -220. \end{cases}$

(3) $\max z = 8x_1 + 6x_2 + 5x_3 + 9x_4 + 3x_5$,

s.t. $\begin{cases} 2x_1 + 9x_2 - x_3 - 3x_4 - x_5 \leq 20, \\ x_1 - 3x_2 + 2x_3 + 6x_4 + x_5 \leq 30, \\ x_1 + 2x_2 - x_3 + x_4 - 2x_5 \leq 10, \\ a_i \leq x_i \leq b_i, i = 1,2,3,4,5. \end{cases}$

其中$[a_1, a_2, a_3, a_4, a_5] = -[10, 50, 15, 20, 30]$,$[b_1, b_2, b_3, b_4, b_5] = [20, 50, 60, 30, 10]$.

5. 求解下列线性方程组.

$$\begin{cases} 4x_1 + x_2 = 1, \\ x_1 + 4x_2 + x_3 = 2, \\ x_2 + 4x_3 + x_4 = 3, \\ \quad \vdots \\ x_{998} + 4x_{999} + x_{1000} = 999, \\ x_{999} + 4x_{1000} = 1000. \end{cases}$$

6. 求解下列非线性整数规划问题.

$\max z = x_1^2 + x_2^2 + 3x_3^2 + 4x_4^2 + 2x_5^2 - 8x_1 - 2x_2 - 3x_3 - x_4 - 2x_5$,

s.t. $\begin{cases} 0 \leq x_i \leq 99, \text{且 } x_i \text{ 为整数}, \quad i = 1, 2, \cdots, 5, \\ x_1 + x_2 + x_3 + x_4 + x_5 \leq 400, \\ x_1 + 2x_2 + 2x_3 + x_4 + 6x_5 \leq 800, \\ 2x_1 + x_2 + 6x_3 \leq 200, \\ x_3 + x_4 + 5x_5 \leq 200. \end{cases}$

7. 用 LINGO 求方程组.

$$\begin{cases} x^2 + y^2 = 2, \\ 2x^2 + x + y^2 + y = 4. \end{cases}$$

的所有实数解.

8. 求解下列非线性规划.

(1) $\max z = \sum_{i=1}^{100} \sqrt{x_i}$,

$$\text{s. t.} \begin{cases} x_1 \leqslant 10, \\ x_1 + 2x_2 \leqslant 20, \\ x_1 + 2x_2 + 3x_3 \leqslant 30, \\ x_1 + 2x_2 + 3x_3 + 4x_4 \leqslant 40, \\ \sum_{i=1}^{100}(101-i)x_i \leqslant 1000, \\ x_i \geqslant 0, i = 1,2,\cdots,100. \end{cases}$$

(2) $\max z = (x_1 - 1)^2 + \sum_{i=1}^{99}(x_i - x_{i+1})^2,$

$$\text{s. t.} \begin{cases} x_1 + \sum_{i=2}^{100} x_i^2 = 200, \\ \sum_{i=1}^{50} x_{2i}^2 - \sum_{i=1}^{50} x_{2i-1}^2 = 10, \\ \left(\sum_{i=1}^{33} x_{3i}\right)\left(\sum_{i=1}^{50} x_{2i}\right) \leqslant 1000, \\ -5 \leqslant x_i \leqslant 5, i = 1,2,\cdots,100. \end{cases}$$

习题 2 答案

1. 程序如下:
2 * x-y+z<=3;
y+3 * z>=8;
3 * x+y+2 * z>=11;
@bnd(-10,x,16);
@bnd(-10,y,16);
x=2 * n;
y=2 * m+1;
@gin(n);
@gin(m);
@free(n);
@free(m);
(1)程序如下:
Max=x+y+z;
2 * x-y+z<=3;
y+3 * z>=8;
3 * x+y+2 * z>=11;
@bnd(-10,x,16);
@bnd(-10,y,16);
x=2 * n;
y=2 * m+1;

@gin(n);
@gin(m);
@free(n);
@free(m);

单击求解按钮 ◎ 得到如下结果：

x= -10,y=15,z=38, max=43;max=x+y+z;

（2）程序运行结果为

x= -10,y=15,z=38, max=68; Max=@abs(x)+@abs(y)+@abs(z);

（3）程序运行结果为

x= -10,y=15,z=38, max=43; Max=@abs(x+y+z);

（4）程序运行结果为

x= 4,y=15,z=10, max=600; Max=x*y*z;

（5）程序运行结果为

x= -10,y=15,z=38, max=5700; max=@abs(x)*@abs(y)*@abs(z);

（6）程序运行结果为

x= -10,y=15,z=38, max=5700; max=@abs(x*y*z);

（7）程序运行结果为

x= -10,y=15,z=38, max=48; max=@smax(x,y,z)-@smin(x,y,z);

（8）程序运行结果为

x= 2,y=3,z=2, min=1;min=@smax(x,y,z)-@smin(x,y,z);

2. 建立此问题的线性规划模型：

min = 8.5*x1+6*x2+8.9*x3+5.7*x4*8.8*x5;
x1+x2+x3+x4+x5 = 1;
0.3*x1+0.1*x2+0.5*x3+0.1*x4+0.5*x5 = 0.3;
0.6*x1+0.2*x2+0.2*x3+0.1*x4+0.1*x5 = 0.2;
0.1*x1+0.7*x2+0.3*x3+0.8*x4+0.4*x5 = 0.5;
x1>=0;
x2>=0;
x3>=0;
x4>=0;
x5>=0;

单击求解按钮 ◎ 得到如下结果：

Local optimal solution found.
Objective value: 3.611111
Infeasibilities: 0.000000
Total solver iterations: 8
Elapsed runtime seconds: 0.07
Model Class: QP

Total variables: 5
Nonlinear variables: 2
Integer variables: 0

Total constraints:	10
Nonlinear constraints:	1
Total nonzeros:	30
Nonlinear nonzeros:	1

Variable	Value	Reduced Cost
X1	0.1111111	0.000000
X2	0.4444444	0.000000
X3	0.000000	7.677778
X4	0.000000	17.51556
X5	0.4444444	0.000000

Row	Slack or Surplus	Dual Price
1	3.611111	−1.000000
2	0.000000	7.194444
3	0.000000	0.000000
4	0.000000	−24.16667
5	0.000000	−11.94444
6	0.1111111	0.000000
7	0.4444444	0.000000
8	0.000000	0.000000
9	0.000000	0.000000
10	0.4444444	0.000000

3. 建立此问题的线性规划模型：

sets:
nodes/1,2,3,4,5/;
arcs(nodes, nodes)/
1,2 1,3 1,4 2,3 2,5 3,4 3,5 4,5 /: c, f;
endsets
data:
c = 20 30 10 40 30 10 20 20;
enddata
max = flow;
@for(nodes(i) | i #ne# 1 #and# i #ne# @size(nodes):
@sum(arcs(i,j):f(i,j)) − @sum(arcs(j,i):f(j,i)) = 0); @sum(arcs(i,j)|i #eq# 1 : f(i,j)) = flow;
@for(arcs: @bnd(0, f, c));

单击求解按钮◎得到如下结果：

Global optimal solution found.
Objective value:	60.00000
Infeasibilities:	0.000000
Total solver iterations:	0
Elapsed runtime seconds:	0.08
Model Class:	LP
Total variables:	9

Nonlinear variables:	0	
Integer variables:	0	
Total constraints:	5	
Nonlinear constraints:	0	
Total nonzeros:	15	
Nonlinear nonzeros:	0	

Variable	Value	Reduced Cost
FLOW	60.00000	0.000000
C(1, 2)	20.00000	0.000000
C(1, 3)	30.00000	0.000000
C(1, 4)	10.00000	0.000000
C(2, 3)	40.00000	0.000000
C(2, 5)	30.00000	0.000000
C(3, 4)	10.00000	0.000000
C(3, 5)	20.00000	0.000000
C(4, 5)	20.00000	0.000000
F(1, 2)	20.00000	−1.000000
F(1, 3)	30.00000	−1.000000
F(1, 4)	10.00000	−1.000000
F(2, 3)	0.000000	0.000000
F(2, 5)	20.00000	0.000000
F(3, 4)	10.00000	0.000000
F(3, 5)	20.00000	0.000000
F(4, 5)	20.00000	0.000000

Row	Slack or Surplus	Dual Price
1	60.00000	1.000000
2	0.000000	0.000000
3	0.000000	0.000000
4	0.000000	0.000000
5	0.000000	−1.000000

4. (1) LINGO 程序如下:

```
model:
sets:
row/1..3/:b;
col/1..4/:c,x;
link(row,col):a;
endsets
data:
c=6 2 3 9;
a=5 6 −4 −4  3 −3 2 8  4 2 −1 3;
b=2 25 10;
enddata
max=@sum(col:c*x);
```

```
@for(row(i):@sum(col(j):a(i,j)*x(j))<b(i));
end
```
求得最优解为 $x_1=0, x_2=45, x_3=80, x_4=0$，目标函数的最优值 $z=330$．

（2）LINGO 程序如下：
```
model:
sets:
row1/1..4/:b1;
row2/1 2/:b2;
col/1..5/:c,x;
link1(row1,col):a1;
link2(row2,col):a2;
endsets
data:
c=10 2 1 8 6;
a1=1 0 1 0 0  0 1 0 1 0  0 0 1 0 1  0 0 0 1 1;
a2=1 2 1 1 -1  2 0 0 3 5;
b1=100 200 300 500;
b2=-400 -220;
enddata
min=@sum(col:c*x);
@for(row1(i):@sum(col(j):a1(i,j)*x(j))=b1(i));
@for(row2(i):@sum(col(j):a2(i,j)*x(j))>b2(i));
@for(col:@free(x));
end
```
求得最优解 $x_1=-530, x_2=-630, x_3=630, x_4=830, x_5=-330$，目标函数的最优值 $z=-1270$．

（3）LINGO 程序如下：
```
model:
sets:
row/1..3/:b;
col/1..5/:c,x,L,U;
link(row,col):a;
endsets
data:
c=8,6,5,9,3;
a=2,9,-1,-3,-1,  1,-3,2,6,1,  1,2,-1,1,-2;
b=20,30,10;
L=-10,-50,-15,-20,-30;
U=20,50,60,30,10;
enddata
min=@sum(col:c*x);
@for(row(i):@sum(col(j):a(i,j)*x(j))<b(i));
```

```
@for(col:@bnd(L,x,U));
end
```

求得最优解 $x_1=-10, x_2=-50, x_3=-15, x_4=-20, x_5=-30$，目标函数的最优值 $z=-725$。

5. LINGO 程序如下：

```
model:
sets:
num/1..1000/:x;
endsets
4*x(1)+x(2)=1;
@for(num(i)|i#gt#1 #and# i#lt#1000:x(i-1)+4*x(i)+x(i+1)=i);
x(999)+4*x(1000)=1000;
@for(num:@free(x));
End
```

单击求解按钮 ⊙ 可以得到结果。

6. LINGO 软件求得的最优解为

$$x_1=50, x_2=99, x_3=0, x_4=99, x_5=20,$$

目标函数的最大值为 $z=51568$。

计算的 LINGO 程序如下：

```
model:
sets:
num/1..5/:c1,c2,x; !c1为目标函数二次项的系数,c2为一次项的系数;
row/1..4/:b; !b为约束条件右边的常数项列;
link(row,num):a;
endsets
data:
c1=1 1 3 4 2;
c2=-8 -2 -3 -1 -2;
a=1 1 1 1 1  1 2 2 1 6  2 1 6 0 0  0 0 1 1 5;
b=400 800 200 200;
enddata
max=@sum(num(j):c1(j)*x(j)^2+c2(j)*x(j));
@for(row(i):@sum(num(j):a(i,j)*x(j))<=b(i));
@for(num(j):@bnd(0,x(j),99); @gin(x(j)));
end
```

7. LINGO 程序如下：

```
model:
submodel maincon: !定义方程子模块;
x^2+y^2=2;
2*x^2+x+y^2+y=4;
endsubmodel
```

```
submodel con1: !定义附加约束子模块;
@free(x);x<0;
endsubmodel
submodel con2: !定义附加约束子模块;
@free(y); y<0;
endsubmodel
submodel con3: !定义附加约束子模块;
@free(x); @free(y);
x<0; y<0;
endsubmodel
calc:
@solve(maincon);!调用子模块;
@ifc(@status()#eq#1:@write('没有可行解.',@newline(2));
@else
@write('所求的解为 x=',x,',y=',y,'.',@newline(2)));
@solve(maincon,con1);
@ifc(@status()#eq#1:@write('没有可行解.',@newline(2));
@else
@write('所求的解为 x=',x,',y=',y,'.',@newline(2)));
@solve(maincon,con2);
@ifc(@status()#eq#1:@write('没有可行解.',@newline(2));
@else
@write('所求的解为 x=',x,',y=',y,'.',@newline(2)));
@solve(maincon,con3);
@ifc(@status()#eq#1:@write('没有可行解.',@newline(2));
@else
@write('所求的解为 x=',x,',y=',y,'.',@newline(2)));
endcalc
end
```

8. (1) LINGO 程序如下:

```
model:
sets:
num/1..100/:x;
endsets
max=@sum(num:@sqrt(x));
@for(num(i)|i#le#4:@sum(num(j)|j#le#i:j*x(j))<10*i);
@sum(num(i):(101-i)*x(i))<10000;
end
```

(2) LINGO 程序如下:

```
model:
sets:
num/1..100/:x;
```

```
endsets
max=(x(1)-1)^2+@sum(num(i)|i#le#99:(x(i)-x(i+1))^2);
x(1)+@sum(num(i)|i#ge#2:x(i)^2)=200;
@sum(num(i)|i#le#50:x(2*i)^2-x(2*i-1)^2)=10;
@sum(num(i)|i#le#33:x(3*i))*@sum(num(i)|i#le#50:x(2*i))<1000;
@for(num:@bnd(-5,x,5));
end
```

第 3 章　LINGO 外部文件接口

本章概要

- 通过 Windows 剪贴板传递数据
- LINGO 与文本文件传递数据
- LINGO 与 Excel 文件传递数据
- LINGO 与数据库传递数据

3.1　通过 Windows 剪贴板传递数据

LINGO 程序运行时，需要用到的大量数据一般保存在其他文件中，如 Word、MATLAB、Mathematica、Excel 或 Access 等，为了避免逐个输入数据的麻烦，可以利用 Windows 剪贴板把需要的数据从其他软件复制到剪贴板，然后粘贴到 LINGO 程序中．但是当数据量较大时，通过剪贴板粘贴到 LINGO 程序中的数据，LINGO 是不识别的，会提示数据的个数不匹配，这就需要将 LINGO 程序与它所用到的数据分开，建立与外部文件的接口．通过文件输入、输出数据对编写好的程序来说是非常重要的，至少有两个好处：

① 通过文件输入、输出数据可以将 LINGO 程序和程序处理的数据分离开来，"程序和数据的分离"是结构化程序设计、面向对象编程的基本要求．

② 实际问题中的 LINGO 程序通常需要处理大规模的实际数据，而这些数据通常都是在其他应用中产生的，或者已经存放在其他应用系统中的某个文件或数据库中，也希望 LINGO 计算的结果以文件方式提供给其他应用系统使用．因此，通过文件输入、输出数据是编写实用 LINGO 程序的基本要求．

下面用实例来说明将 Word 或 Excel 文件表格中的数据传递到 LINGO 中的具体操作方法．

3.1.1　通过 Windows 剪贴板传递 Word 中的数据

- 复制快捷键 Ctrl+C.
- 粘贴快捷键 Ctrl+V.

要通过 Windows 的剪贴板把数据传入 LINGO 程序的数据段，应当先在 Word 中用鼠标选中表格中的数据块，单击菜单中的"复制"按钮(或按快捷键 Ctrl+C)，然后在 LINGO 中单击 Edit 菜单中的 Paste 命令(或按快捷键 Ctrl+V)，则数据连同表格一起出现在 LINGO 程序中．

【例 3.1】　某公司有 4 项工作，选定 4 位业务员去处理，每人各处理一项工作．4 位业务员处理 4 项业务的费用各不相同，见表 3.1. 应当怎样分派工作，才能使总的费用最小?

表 3.1 工作的费用表(单位:元)

业务员 \ 业务	1	2	3	4
1	110	80	100	70
2	60	50	30	80
3	40	80	100	90
4	110	100	50	70

解 这是一个最优指派问题,引入如下 0-1 变量:

$$x_{ij} = \begin{cases} 1, & \text{分派第 } i \text{ 个业务员做第 } j \text{ 项业务}, \\ 0, & \text{不分派第 } i \text{ 个业务员做第 } j \text{ 项业务}. \end{cases}$$

设矩阵 $A = (a_{ij})_{4 \times 4}$ 为指派矩阵,其中 a_{ij} 为第 i 个业务员做第 j 项业务的费用,则可建立如下 0-1 整数规划模型:

$$\min Z = \sum_{i=1}^{4} \sum_{j=1}^{4} a_{ij} x_{ij},$$

$$\text{s.t.} \begin{cases} \sum_{i=1}^{4} x_{ij} = 1, j = 1,2,3,4, \\ \sum_{j=1}^{4} x_{ij} = 1, i = 1,2,3,4, \\ x_{ij} = 0 \text{ 或 } 1, i,j = 1,2,3,4. \end{cases}$$

要想通过 Windows 的剪贴板把数据传入 LINGO 程序的数据段,应当先在 Word 中用鼠标选中表格中的数据块,单击菜单中的"复制"按钮(或按快捷键 Ctrl+C),然后在 LINGO 中单击 Edit 菜单中的 Paste 命令(或按快捷键 Ctrl+V),则数据连同表格一起出现在 LINGO 程序中,如下所示:

model:
sets:
num/1..4/;
link(num,num):a,x;
endsets
data:
a =

110	80	100	70
60	50	30	80
40	80	100	90
110	100	50	70

;!以上表格从 Word 中直接复制过来;
enddata
min=@sum(link:a*x);   !目标函数;

@for(num(j):@sum(num(i):x(i,j))=1);
@for(num(i):@sum(num(j):x(i,j))=1);
@for(link:@bin(x)); !0-1 变量约束;

单击"求解"按钮,得到的结果如下:

x(1,1)=0, x(1,2)=0, x(1,3)=0, x(1,4)=1;
x(2,1)=0, x(2,2)=1, x(2,3)=0, x(2,4)=0;
x(3,1)=1, x(3,2)=0, x(3,3)=0, x(3,4)=0;
x(4,1)=0, x(4,2)=0, x(4,3)=1, x(4,4)=0;

即第 1 个业务员做第 4 项业务,第 2 个业务员做第 2 项业务,第 3 个业务员做第 1 项业务,第 4 个业务员做第 3 项业务,总费用达到最小值 210 元.

3.1.2 通过 Windows 剪贴板传递 Mathematica 中的图像

LINGO 绘图能力较弱,要通过 Windows 的剪贴板把 Mathematica 图像传入 LINGO 程序中,应当先在 Mathematica 中用鼠标选中图像,单击右键菜单中的"复制图形"命令,然后在 LINGO 中单击 Edit 菜单中的 Paste 命令(或按快捷键 Ctrl+V),则 Mathematica 图像出现在 LINGO 程序中.

【例 3.2】 在 LINGO 中粘贴二元函数 $z=\sin x \cos y, 0 \leqslant x, y \leqslant 2\pi$ 的 Mathematica 图像.

在 Mathematica 中用鼠标选中 Mathematica 图像,在右键菜单中选择"复制图形"命令,然后在 LINGO 中单击 Edit 菜单中的 Paste 命令(或按快捷键 Ctrl+V),则 Mathematica 图像出现在 LINGO 程序中,如图 3.1 所示.

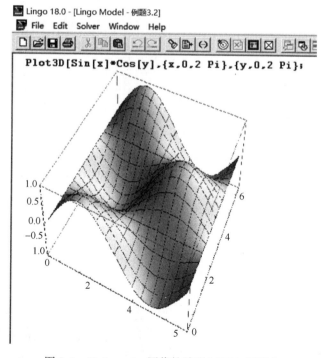

图 3.1　Mathematica 图像粘贴到 LINGO 程序中

3.2　LINGO 与文本文件传递数据

在 LINGO 软件中,通过文本文件输入数据使用的是@file 函数,输出结果采用的是@text 函数. 下面介绍这两个函数的详细用法.

3.2.1　通过文本文件读取数据

@file 函数通常可以在集合段和数据段使用,但不允许嵌套使用. 这个函数的一般用法是

@file(filename);

其中 filename 为存放数据的文件名,文件名可以包含完整的路径名,没有指定路径时表示在当前目录下寻找这个文件. 该文件必须是文本(或 ASCII 码文件),可以用 Windows 附件中的写字板或记事本创建,文件中可以包含多个记录,记录之间用"~"分开,同一记录内的多个数据之间用逗号或空格分开. 执行一次@file,读入一个记录的数据. 下面通过例子来说明.

【例 3.3】　使用@file 函数输入数据示例.

假设存放数据的文本文件 myfile.txt 的内容如下:

Seattle,Detroit,Chicago,Denver~
COST,NEED,SUPPLY,ORDERED~
12,28,15,20~
1600,1800,1200,1000~
1700,1900,1300,1100

现在,在 LINGO 模型窗口中建立如下 LINGO 模型:

model:
sets:
myset/@file(myfile.txt)/:@file(myfile.txt);
endsets
data:
cost=@file(myfile.txt);　!文件中的 COST 是大写的,LINGO 不区分大小写字母;
need=@file(myfile.txt);
supply=@file(myfile.txt);
enddata
end

单击求解按钮 ◉ 得到的结果如图 3.2 所示.

运行上述 LINGO 模型的结果为:文本文件 myfile.txt 中第一行的 4 个字符串赋值给集合 myset 的 4 个成员,第二行的 4 个字符串 COST,NEED,SUPPLY,ORDERED(或 cost,need,supply,ordered)成为集合 myset 的 4 个属性,第三行的 4 个数值赋值给属性 cost,第四行的 4 个数值赋值给属性 need,第五行的 4 个数值赋值给属性 supply,未赋值的属性 ordered 作为决策向量. 显然,当仅仅是输入数据改变时,只需要改变输入文件 myfile.txt 即可,无须改变程序,这是非常有利的,因为这样就做到了程序与数据的分离.

```
         Variable           Value
    COST( SEATTLE)       12.00000
    COST( DETROIT)       28.00000
    COST( CHICAGO)       15.00000
    COST( DENVER)        20.00000
    NEED( SEATTLE)       1600.000
    NEED( DETROIT)       1800.000
    NEED( CHICAGO)       1200.000
    NEED( DENVER)        1000.000
    SUPPLY( SEATTLE)     1700.000
    SUPPLY( DETROIT)     1900.000
    SUPPLY( CHICAGO)     1300.000
    SUPPLY( DENVER)      1100.000
    ORDERED( SEATTLE)    0.000000
    ORDERED( DETROIT)    0.000000
    ORDERED( CHICAGO)    0.000000
    ORDERED( DENVER)     0.000000
```

图 3.2　运行结果

【例 3.4】　使用@file 函数输入两行数据示例. 为了防控新型冠状病毒,五个城市需求口罩量数据见表 3.2 所示.

表 3.2　五个城市口罩需求量(单位:只)

Beijing	Tianjin	Shanghai	Guangzhou	Wuhan
20000	15000	30000	40000	50000

存放数据的文本文件 myfile1.txt 的内容如下:

Beijing,Tianjin,Shanghai,Guangzhou,Wuhan~

mask~

20000,15000,30000,40000,50000~

在 LINGO 模型窗口中建立如下 LINGO 模型:

model:
sets:
myset/@file(myfile1.txt)/:@file(myfile1.txt) ;
endsets
data:
mask=@file(myfile1.txt) ;
enddata
end

单击求解按钮得到的结果如图 3.3 所示.

运行上述 LINGO 模型的结果为:文本文件 myfile1.txt 中第一行的 5 个字符串赋值给集合 myset 的成员 mask,第二行的字符串 mask 成为集合 myset 的属性,第三行的 5 个数值赋值给属性 mask. 显然,输入文件 myfile1.txt 的编写也必须遵循一定的规则,否则输入就会出错.

```
            Variable         Value
       MASK( BEIJING)      20000.00
       MASK( TIANJIN)      15000.00
       MASK( SHANGHAI)     30000.00
       MASK( GUANGZHOU)    40000.00
       MASK( WUHAN)        50000.00
```

图 3.3 运行结果

3.2.2 通过文本文件输出数据

◆ @text 函数用于文本文件输出数据,通常只在数据段使用这个函数. 这个函数的语法为:

@text([filename,['a']])

它用于数据段中将解答结果输出到文本文件 filename 中,当省略 filename 时,结果送到标准的输出设备(通常为屏幕). 当有第二个参数'a'时,数据以追加(append)的方式输出到文本文件,否则新建一个文本文件(如果文件已经存在,则其中的内容将会被覆盖)供输出数据.

◆ @text 函数的一般调用格式为

@text('results.txt')= 属性名;

其中 results.txt 是文件名,它可以由用户按自己的意愿命名,该函数的执行结果是把属性名对应的取值输出到文本文件 results.txt 中.

【例 3.5】 把【例 3.1】的计算结果输出到文本文件.

model:
sets:
num/1..4/;
link(num,num):a,x;
endsets
data:
a =

110	80	100	70
60	50	30	80
40	80	100	90
110	100	50	70

;!以上表格从 Word 中直接复制过来;
@text('result1.txt')= x;!第 1 次调用@text,把 x 逐行展开,转换成列向量输出;
@text(result2.txt)= @table(x);!第 2 次调用@text,可以省略文件名的单引号;
@text( )= @table(x);!第 3 次调用@text,以表格形式向屏幕输出;
enddata
min = @sum(link:a*x);   !目标函数;
@for(num(j):@sum(num(i):x(i,j))= 1);
@for(num(i):@sum(num(j):x(i,j))= 1);
@for(link:@bin(x));   !0-1 变量约束;

程序中使用了 3 次 @text 函数,第 1 次执行 @text 函数,把 x 的值输出到当前程序文件所在目录下的文本文件 result1.txt 中;第 2 次执行 @text 函数,把 x 的值以如下表格形式

```
      1 2 3 4
    1 0 0 0 1
    2 0 1 0 0
    3 1 0 0 0
    4 0 0 1 0
```

输出到当前程序文件所在目录下的文本文件 result2.txt 中;第 3 次执行 @text 函数,把 x 的值以表格形式显示在屏幕上.

【例 3.6】 研读下列 LINGO 程序,注意 @text 的用法.

model:
sets:
days/mon..sun/: required, start; ! 定义名称为 days 的集合,集合属性为 required, start;
endsets
data:
! 每天所需的最少职员数;
required = 20 16 13 16 19 14 12;
@text('out.txt') = days '至少需要的职员数为' start;
enddata
! 最小化每周所需职员数;
min = @sum(days: start);
@for(days(J):
@sum(days(I) | I #le# 5:
start(@wrap(J+I+2,7))) >= required(J));
end

单击求解按钮 ◎ 得到输入到文本文件 out.txt 中的结果如图 3.4 所示.

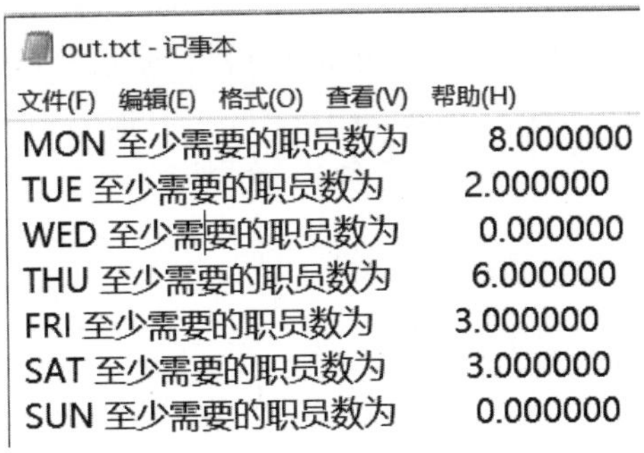

```
out.txt - 记事本
文件(F) 编辑(E) 格式(O) 查看(V) 帮助(H)
MON 至少需要的职员数为    8.000000
TUE 至少需要的职员数为    2.000000
WED 至少需要的职员数为    0.000000
THU 至少需要的职员数为    6.000000
FRI 至少需要的职员数为    3.000000
SAT 至少需要的职员数为    3.000000
SUN 至少需要的职员数为    0.000000
```

图 3.4 文本文件中的结果

3.3 LINGO 与 Excel 文件传递数据

LINGO 通过 @ole 函数实现与 Excel 文件传递数据,使用 @ole 函数既可以从 Excel 文

件中输入数据,也能把计算结果输出到 Excel 文件.

@ole 是从 Excel 中引入或输出数据的接口函数,它是基于传输的 ole 技术.ole 传输直接在内存中传输数据,无须借助中间文件.当使用@ole 时,LINGO 先装载 Excel,再通知 Excel 装载指定的电子数据表,最后从电子数据表中获得 Ranges.为了使用 ole 函数,必须有 Excel5.0 及其以上版本.ole 函数可在数据部分和初始部分引入数据.

@ole 可以同时读集成员和集属性,集成员最好用文本格式,集属性最好用数值格式.原始集每个集成员需要一个单元(cell),而对于 n 元的派生集每个集成员需要 n 个单元,这里第一行的 n 个单元对应派生集的第一个集成员,第二行的 n 个单元对应派生集的第二个集成员,依此类推.

@ole 只能读一维或二维的 Ranges(在单个的 Excel 工作表(sheet)中),但不能读间断的或三维的 Ranges.Ranges 自左而右、自上而下来读.

3.3.1 LINGO 通过 Excel 文件输入数据

@ole 函数只能用在模型的集合段、数据段和初始段.使用格式为

object_list = @ole(['spreadsheet_file'] [, range_name_list]);

其中 spreadsheet_file 是 Excel 文件的名称,应包括扩展名(如 *.xls,*.xlsx 等),还可以包含完整的路径名,只要字符数不超过 64 即可,使用时可以省略单引号;range_name_list 是指文件中包含数据的单元范围(单元范围的格式与 Excel 工作表的单元范围格式一致).其中 spreadsheet_file 和 range_name_list 都是可以缺省的.具体地说,当从 Excel 中向 LINGO 模型中输入数据时,在集合段可以直接采用"@ole(…)"的形式读入集合成员,但在数据段和初始段应当采用"属性=@ole(…)"的赋值形式.

【例 3.7】 使用@ole 函数向 LINGO 输入数据.

采用"属性=@ole(…)"的赋值形式. cost, need, supply = @ole();

首先,用 Excel 建立一个名为 data37.xls 的 Excel 数据文件,如图 3.5 所示,为了能够通过@ole 函数向 LINGO 传递数据,需要对这个文件中的数据进行命名,具体做法是:用鼠标选中表格的 A3:A8 单元,然后选择 Excel 的菜单命令"插入"→"名称"→"定义",这时将会弹出一个对话框,要求输入名字,例如可以将它命名为 cities.同理,将 B3:B8 单元命名为 cost,将 C3:C8 单元命名为 need,将 D3:D8 单元命名为 supply,将 E3:E8 单元命名为 order.一般来说,这些单元可以随意命名,这里取什么名字,在 LINGO 中调用时就必

supply		f_x	2200	
	A	B	C	D	E
1	【例3.7】	使用@ole函数向LINGO输入数据.			
2	cities	cost	need	supply	order
3	a	20	2000	2200	
4	b	40	1800	1850	
5	c	50	3500	3600	
6	d	80	4200	4300	
7	e	100	1100	1200	
8	f	150	2600	2650	

图 3.5 Excel 文件存放的数据

须用什么名字,只要二者一致就可以了.但最好使这些单元的名称(称为域名)与 LINGO 对应的属性名同名,这样将来 LINGO 调用时就可以省略域名.

下面针对图 3.5 所示 Excel 表中的数据,编写如下 LINGO 程序:

model:
sets:
myset/@ole(data37.xls,cities)/:cost,need,supply,order;
endsets
data:
cost,need,supply=@ole();!省略了 Excel 文件和域名;
enddata
min=@sum(myset:cost*order);
@for(myset:need<order;order<supply);
end

上面程序中有 2 个@ole 函数调用,其作用分别说明如下:

@ole(data37.xls,cities):从文件 data37.xls 的 cities 所指示的单元中取出数据,作为集合 myset 的成员.

cost,need,supply=@ole():程序中@ole 函数没有输入参数,在这种情形下,LINGO 将提供默认的输入参数,LINGO 使用当前用 Excel 软件打开并激活的文件作为默认的 Excel 文件,省略了域名,默认的域名和属性名是同名的,即 cost 输入当前打开的 Excel 文件中域名为 cost 单元中的数据,need 输入域名为 need 单元中的数据,supply 输入域名为 supply 单元中的数据.

LINGO 要输入外部 Excel 文件中的数据,必须预先用 Excel 软件把要操作的 Excel 文件打开,否则 LINGO 无法输入数据.实际上,LINGO 操作 Excel 数据有两种方式.在【例 3.7】中,LINGO 操作 Excel 数据,必须先定义域名,然后才能引用;也可以不定义域名,直接引用 Excel 的单元地址.

【例 3.8】 使用 Excel 的单元地址,输入和输出数据.

改写【例 3.7】的 LINGO 程序如下:

model:
sets:
myset/@ole(data37.xls,A3:A8)/:cost,need,supply,order;
endsets
data:
cost,need,supply=@ole(,B3:B8,C3:C8,D3:D8);!省略了 Excel 文件名,逗号","不省略;
enddata
min=@sum(myset:cost*order);
@for(myset:need<order;order<supply);
end

在上面程序中@ole 函数只使用了 1 次,就输入了属性 cost,need,supply 的值.也可以依次输入属性 cost,need,supply 的值,即把语句"cost,need,supply=@ole(37.xls,B3:B8,C3:C8,D3:D87);"分解为 3 个语句:

cost=@ole(37.xls,B3:B8);

need=@ole(37.xls,C3:C8);
supply=@ole(37.xls,D3:D8);

3.3.2　LINGO 通过 Excel 文件输出数据

@ole 函数也能把数据输出到 Excel 文件,调用格式为

@ole(['spreadsheet_file'][,range_name_list])= object_list;

其中对象列表 object_list 中的元素用逗号分隔,spreadsheet_file 是输出值所保存到的 Excel 文件名,如果文件名缺省,则默认的文件名是当前 Excel 文件所打开的文件. 域名列表 range_name_list 是表单中的域名,所在的单元用于保存对象列表中的属性值,表单中的域名必须与对象列表中的属性一一对应,并且域名所对应的单元大小(数据块的大小=长×宽)不应小于属性值所包含的数据个数,如果单元中原来有数据,则@ole 输出语句运行后原来的数据将被新的数据覆盖. 同样,域名列表 range_name_list 中的域名也可以替换为 Excel 的引用地址.

@ole 函数用于输出和输入之间的差异如下:

@ole(…) = object_list; 表示输出.

object_list = @ole(…); 表示输入.

【例 3.9】 求发电机厂一天 7 个时段对 4 台不同型号的发电机分配开启数量以及输出功率,用 LINGO 求解,最后需要将 7*4=28 的数量数据 N 以及对应功率 P,输出到 Excel 中,见表 3.3 和表 3.4 所示.

表 3.3　7 个时段发电机开启的数量(单位:台)

时段 \ 发电机	型号 1	型号 2	型号 3	型号 4
0:00~6:00				
6:00~9:00				
9:00~12:00				
12:00~14:00				
14:00~18:00				
18:00~22:00				
22:00~24:00				

表 3.4　7 个时段发电机输出的功率(单位:kW·h)

时段 \ 发电机	型号 1	型号 2	型号 3	型号 4
0:00~6:00				
6:00~9:00				
9:00~12:00				
12:00~14:00				
14:00~18:00				
18:00~22:00				
22:00~24:00				

这里的台数和功率都是 7 行 4 列的数据. LINGO 程序如下:

```
model:
sets:
A /1..7/: T, D ;        !定义时间段集合 A,T 与 D 为集合属性,分别表示不同时间段值和输出的度数;
B /1..4/:N0,Pmax,Pmin,F,M,S;    !定义台数集合 B,集合属性为 N0,Pmax,Pmin,F,M,S;
U(A,B): N, P ;          !定义派生集合 U,集合属性为 N,P;
endsets                 !结束定义集合;
data:                   !数据段定义;
T = 6 3 3 2 4 4 2;      !不同时间段 T 的值;
D = 11000 33000 25000 36000 25000 30000 18000;   !不同时间段输出的度数值,应该可以通过
                                                  !查电表得出;
N0 = 10   5    8    4;       !开启台数:10 台型号 1,5 台型号 2,8 台型号 3,4 台型号 4;
Pmax = 1800 1500 2000 3500;  !开启台数对应的最大功率;
Pmin =  800 1000 1200 1800;  !开启台数对应的最小功率;
F    = 2200 1800 3800 4600;
M    = 2.7  2.2  1.8  3.6;
S    = 4000 1500 2500 1000;
Enddata                      !结束数据部分;
W1 = @sum(B(j):N(1,j)*S(j))+@sum(A(i)|i #ge# 2:
     @sum(B(j):(N(i,j)-N(i-1,j)+@abs(N(i,j)-N(i-1,j)))
     /2*S(j)));
W2 = @sum(A(i): @sum(B(j):N(i,j)*F(j)*T(i)));
W3 = @sum(A(i): @sum(B(j):(P(i,j)-Pmin(j))*
     N(i,j)*M(j)*T(i)));
min  = W1+W2+W3;
@for(A(i): @sum(B(j):P(i,j)*N(i,j)) >=D(i));
@for(U(i,j):N(i,j)>=0);
@for(U(i,j):N(i,j)<=N0(j));
@for(U(i,j):@gin(N(i,j)));
@for(U(i,j):Pmin(j)<=P(i,j));
@for(U(i,j):P(i,j)<=Pmax(j));
end
```

单击求解按钮 得到如图 3.6 所示的结果,数据量很大. 数据的输出是按行输出的,先是 N(1,:),再是 N(2,:),可以通过 LINGO 函数命令@ole('data.xls','x') = X 将数据导出到电子表格 Excel 中,但是必须首先做一些准备工作.

首先,定义 Excel 的名称. 在 Excel 中使用定义名称可以将某一块的数据赋予一个指定的名字,这样就和程序里的数据初始化一样,比如定义一个数组,首先要给它一个名字,然后再被其他函数调用. 在 Excel 中定义名称的数据可以被宏函数调用,而 LINGO 也可以通过函数来调用 Excel 中定义了名称的数据.

如何定义名称? 以前面的台数表格为例,打开 Excel 表格,如图 3.7 所示,框选对应的 7×4 的数据区域,按 Ctrl+F3 快捷键,会弹出窗口(如果没反应,就单击顶部菜单栏的"插入"→"名称"→"定义"命令,也可以弹出窗口),设置名称为 num,单击"确定"按钮.

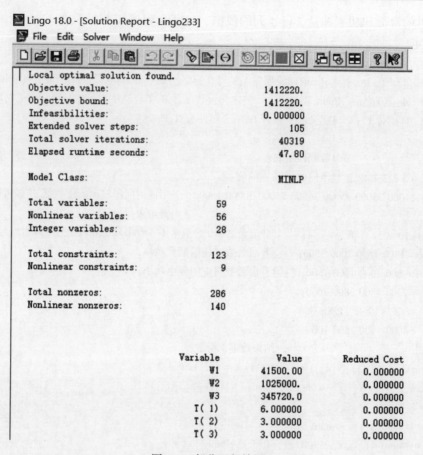

图 3.6 部分运行结果

同理可以给功率命名为 pow. 命名之后，在表格的左上角下拉可以看到已经命名好的数据包括了 num 和 pow.

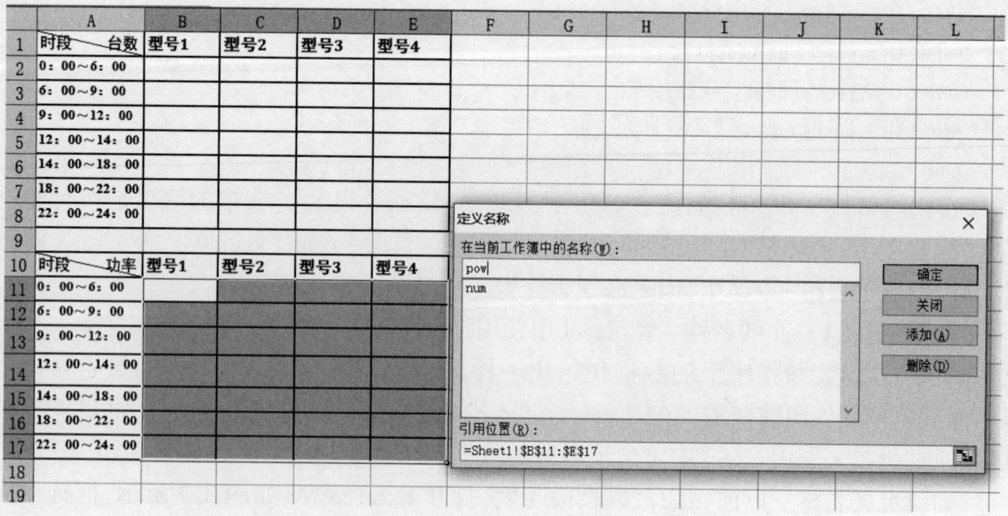

图 3.7 Excel 里定义数据的名称

最后将表格保存为 ex39Output.xls（或者 .xlsx 格式，.xls 格式的文件在调用时可以省去后缀，而 .xlsx 格式的文件必须加后缀），与 LINGO 源程序保存在同一文件夹中。然后打开表格，不要关闭，因为 LINGO 写入数据时，可能因为权限不够导致关闭状态下的 Excel 无法写入，而后台打开状态时可以写入。

其次，利用 LINGO 自带的 ole 函数可以负责与 Excel 传递数据。语法如下：

!data 为数据表，x 为表格内标记为 x 名称的某块区域；
X = @ole('data.xls','x')；!从 Excel 导入数据到 LINGO；
@ole('data.xls','x') = X；!从 LINGO 导出数据到 Excel；

所以为了导出 N、P 数据到 Excel，写如下代码到 data 中：

@ole('ex3.9Output','NUM') = N；
@ole('ex3.9Output','POW') = P；

完整的 LINGO 代码如下：

```
model:
sets:
A /1..7/: T, D ;
B /1..4/: N0, Pmax, Pmin, F, M, S;
U(A,B):   N, P ;
endsets
data:
T  = 6 3 3 2 4 4 2;
D  = 11000 33000 25000 36000 25000 30000 18000;
N0 = 10   5    8    4;
Pmax= 1800 1500 2000 3500;
Pmin=  800 1000 1200 1800;
F   = 2200 1800 3800 4600;
M   = 2.7  2.2  1.8  3.6;
S   = 4000 1500 2500 1000;
@OLE('ex3.9Output','NUM') = N;
@OLE('ex3.9Output','POW') = P;
enddata
W1 =@sum(B(j):N(1,j)*S(j))+@sum(A(i)|i #ge#2:
@sum(B(j):(N(i,j)-N(i-1,j)+@abs(N(i,j)-N(i-1,j)))
/2*S(j)));
W2 =@sum(A(i): @sum(B(j):N(i,j)*F(j)*T(i)));
W3 =@sum(A(i): @sum(B(j):(P(i,j)-Pmin(j)) *
N(i,j)*M(j)*T(i)));
min = W1+W2+W3;
@for(A(i): @sum(B(j):P(i,j)*N(i,j)) >=D(i));
@for(U(i,j):N(i,j)>=0);
@for(U(i,j):N(i,j)<=N0(j));
@for(U(i,j):@gin(N(i,j)));
@for(U(i,j):Pmin(j)<=P(i,j));
```

@for(U(i,j):P(i,j)<=Pmax(j));
end

最后,一键导出数据.做好前面两步,即 Excel 数据输出区域命名,以及在程序中添加 LINGO 导出数据函数,最后打开 Excel 放在屏幕右边,LINGO 放左边,如图 3.8 所示,单击 Solve 按钮,等待程序运行完毕,Excel 中就会出现数据,如图 3.9 所示.

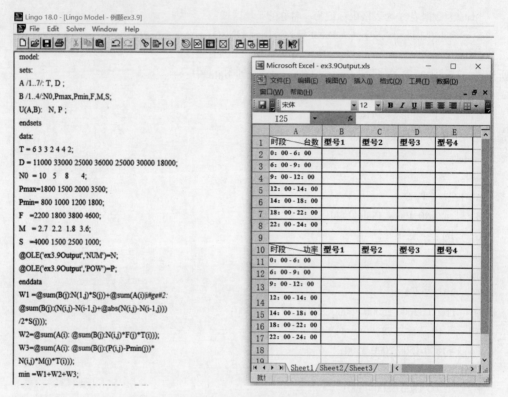

图 3.8 打开 Excel 放在屏幕右边,LINGO 放左边

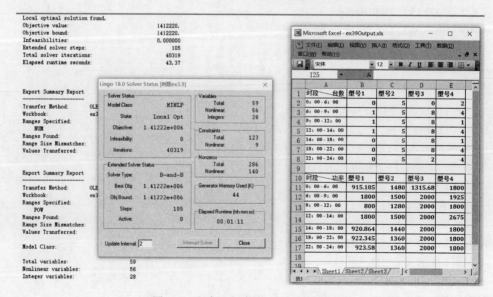

图 3.9 程序运行完毕,Excel 出现数据

3.3.3 LINGO 通过 Excel 文件传递数据实例

下面给出 LINGO 通过 Excel 文件传递数据的例子.

【例 3.10】 已知 x,y 的观测数据见表 3.5 所示,求 y 关于 x 的线性回归方程 $y=a+bx$.

表 3.5 x,y 的观测数据

x	352	373	411	441	462	490	529	577	641	692	743
y	166	153	177	201	216	208	227	238	268	268	274

记 x,y 的观测值分别为 $x_i,y_i(i=1,2,\cdots,n)$,这里 $n=11$,则线性回归方程 $y=a+bx$ 中参数 a,b 的估计值分别为

$$\hat{b} = \frac{\sum_{i=1}^{n}(x_i-\bar{x})(y_i-\bar{y})}{\sum_{i=1}^{n}(x_i-\bar{x})^2},$$

$$\hat{a} = \bar{y} - \hat{b}\bar{x},$$

其中, $\bar{x}=\frac{1}{n}\sum_{i=1}^{n}x_i, \bar{y}=\frac{1}{n}\sum_{i=1}^{n}y_i$ 分别为 x_i 的均值和 y_i 的均值.

记残差平方和

$$Q_e = \sum_{i=1}^{n}(\hat{y}_i-y_i)^2 = \sum_{i=1}^{n}(\hat{a}+\hat{b}x_i-y_i)^2,$$

则模型的检验统计量相关系数的平方

$$R^2 = 1 - \frac{Q_e}{\sum_{i=1}^{n}(y_i-\bar{y})^2}.$$

利用 LINGO 软件,求得 $\hat{a}=55.85268, \hat{b}=0.311963$,检验统计量 $R^2=0.936198$.
计算的 LINGO 程序如下:

```
model:
sets:
obs/1..11/:x,y,xs,ys;
out/a,b,rsquare/:r;
endsets
data:
    x=@ole(Ldata28.xlsx,A1:K1);!把数据保存到 Excel 文件 Ldata28.xlsx 中;
    y=@ole( ,A2:K2);!省略 Excel 文件名 Ldata28.xlsx;
enddata
calc:
nk=@size(obs);
xbar=@sum(obs:x)/nk;
ybar=@sum(obs:y)/nk;
```

```
@for(obs(i):xs(i)=x(i)-xbar;ys(i)=y(i)-ybar);!数据平移;
xybar=@sum(obs:xs*ys);!计算平方和;
xxbar=@sum(obs:xs*xs);
yybar=@sum(obs:ys*ys);
r(@index(b))=xybar/xxbar;!计算b的估计值;
r(@index(a))=ybar-r(@index(b))*xbar;!计算a的估计值;
resid=@sum(obs:(r(@index(a))+r(@index(b))*x-y)^2);!计算残差平方和;
r(@index(rsquare))=1-resid/yybar;
endcalc
end
```

【例 3.11】 三条公交线路一周 7 天都需要有司机工作,每条线路每天(周一至周日)所需的最少司机数见表 3.6 所示,并要求每个司机一周连续工作 5 天,试求每条公交线路每周所需最少司机数,并给出安排. 注意:这里考虑稳定后的情况.

表 3.6　三条公交线路需要的司机数据

	周一	周二	周三	周四	周五	周六	周日
线路 1	20	16	13	16	19	14	12
线路 2	10	12	10	11	14	16	8
线路 3	8	12	16	16	18	22	19

利用 LINGO 软件求得的结果见表 3.7 所示.

表 3.7　各天开始上班的司机数及需要的总司机数

	周一	周二	周三	周四	周五	周六	周日	总司机数
线路 1	8	2	0	6	3	3	0	22
线路 2	1	6	0	5	2	3	0	17
线路 3	0	4	11	0	7	0	1	23

用 LINGO 软件计算时,把表 3.6 的数据保存到 Excel 文件 Ldata311.xlsx 中,并分别给 3 条线路需要司机数的数据定义域名为 Line1needs,Line2needs,Line3needs.

计算的 LINGO 程序如下:

```
model:
sets:
sites/Line1, Line2, Line3/;
days/mon..sun/:needs, x, onduty;
endsets
submodel staff:
[objrow] min=@sum(days:x);
@for(days(i):onduty(i)=@sum(days(j)|j#le#5:x(@wrap(i-j+1,@size(days)))));
onduty(i)>=needs(i);@gin(x(i)));
endsubmodel
calc:
```

@set('terseo', 2);!什么都不输出,用@solu 函数输出;
@for(sites(k):needs=@ole('Ldata311.xlsx',sites(k)+'needs');
@solve(staff);
@solu(1,x,sites(k)+'各天开始上班的人数:'));
endcalc
end

LINGO 从 Excel 中直接获取数据,通俗地讲就是利用函数

a=@ole('文件路径',ranges 名);

在 Excel 中定义 ranges 名:①按鼠标左键拖曳选择 ranges;②释放鼠标按钮;③选择"插入"→"名称"→"定义";④输入希望的名字;⑤单击"确定"按钮.

3.4 LINGO 与数据库传递数据

LINGO 能与 Access、DBase、Excel、FoxPro、Oracle、Paradox、SQL Sever 和 Text Files 这些类型的数据库文件交换数据. LINGO 提供名为@ODBC 函数能够实现从 ODBC 数据源导出数据或将计算结果导入 ODBC 数据源中.

3.4.1 LINGO 与 Access 进行数据传递

【例 3.12】 下面是一个标准运输问题的模型,该模型的文件名是 TRANDB.LG4,可以在目录\LINGO\Samples\中找到,其内容为

MODEL:
TITLE Transportation;   !3 个工厂,4 个客户的运输问题;
SETS:
    PLANTS:CAPACITY;
    CUSTOMERS:DEMAND;
ARCS(PLANTS,CUSTOMERS):COST,VOLUME;
ENDSETS
    [OBJ]MIN=@SUM(ARCS:COST*VOLUME);!目标函数;
!下面是需求约束;
@FOR(CUSTOMERS(C):@SUM(PLANTS(P):VOLUME(P,C))>=DEMAND(C));
!下面是供给约束;
@FOR(PLANTS(P):@SUM(CUSTOMERS(C):VOLUME(P,C))<=CAPACITY(P));
DATA:
    PLANTS,CAPACITY=@ODBC();!通过 ODBC 得到集合 PLANTS 的成员及其属性 CAPACITY 的数据;
    CUSTOMERS,DEMAND=@ODBC();
    ARCS,COST=@ODBC();
@ODBC()=VOLUME;!通过 ODBC 把计算得到的 VOLUME 写入数据库文件中;
ENDDATA
END

该模型的标题(TITLE)为 Transportation.

两个原始集合(PLANTS(工厂)和 CUSTOMERS(客户))在定义时只有名称而没有明确给出集合的成员.

在数据段,所有数据都通过@ODBC 函数从数据库中读取,计算结果通过@ODBC 函数写入同一数据库中.

为了使 LINGO 模型在运行时能够自动找到 ODBC 数据源并正确赋值,必须满足以下 3 个条件:

将数据源文件在 Windows 的 ODBC 数据源管理器中进行注册;

注册的用户数据源名称与 LINGO 模型的标题相同;

对于模型中的每一条@ODBC 语句,数据源文件中存在与之相对应的表项.

1. 在 Windows10 的 ODBC 数据源管理器中注册数据源

可用于【例 3.12】的数据源文件有 TRANDB.mdb 和 TRANDB2.mdb 两个,它们都存放在\LINGO\Samples\文件夹中,前者数据量小,内含 3 个工厂的供货能力、4 个客户的要货量以及各工厂到各客户的运输单价数据资料,后者数据量大,内含 50 个工厂和 200 个客户的同类数据.无论用哪一个数据库文件作为 LINGO 程序的数据源,都必须首先将数据源文件在 Windows 的 ODBC 数据源管理器中进行注册.注册的步骤如下:

① 打开计算机,单击"开始"菜单.
② 打开"控制面板".
③ 在"调整计算机的设置"中,单击"系统和安全".
④ 单击"管理工具".
⑤ 单击 ODBC Data Sources (32-bit),出现如图 3.10 所示的对话框.

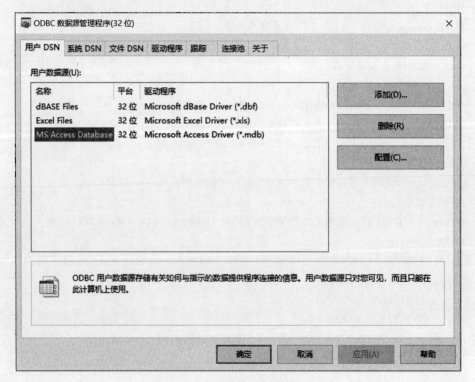

图 3.10　ODBC 数据源管理器对话框

在 Windows 7(64 位)系统下,按上述操作会提示"缺少 Microsoft Access Driver ODBC 驱动程序",打开目录"C:\Windows\SysWOW64",双击该目录下的"odbcad32.exe"文件,可进入 ODBC 数据源管理界面,在这个界面中有 Access 的驱动.

⑥ 单击图 3.10 中的"添加"按钮弹出图 3.11 所示的"创建新数据源"窗口,选择 Microsoft Access Driver(*.mdb)选项并单击"完成"按钮,弹出如图 3.12 所示的"ODBC Microsoft Access 安装"对话框.

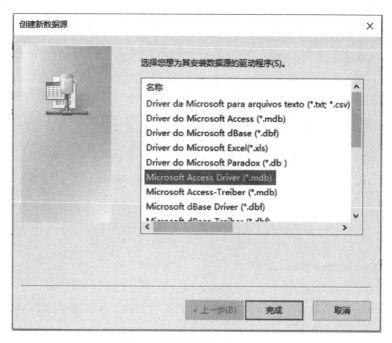

图 3.11 创建新数据源对话框

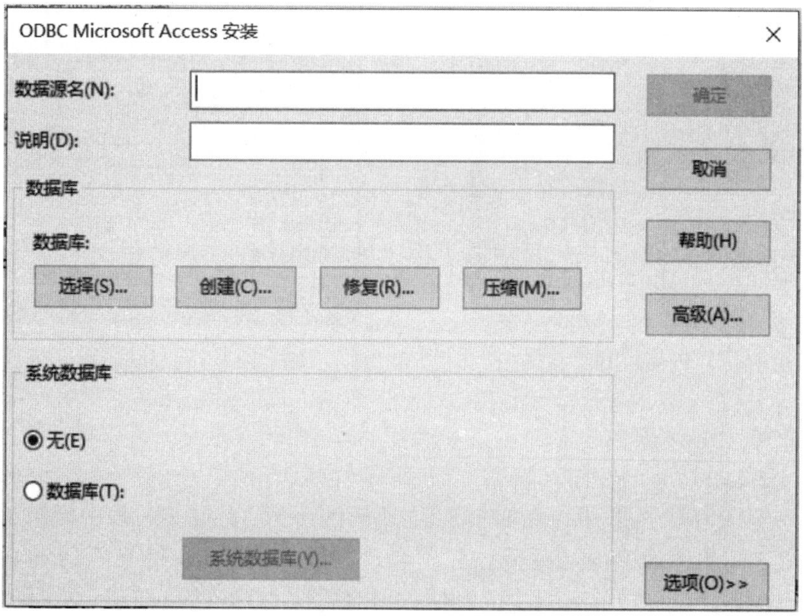

图 3.12 "ODBC Microsoft Access 安装"对话框

⑦ 在图 3.12 中"数据源名"栏目内输入数据源文件的注册名,该名称是 LINGO 程序运行时找到对应数据源的依据,它必须与 LINGO 模型的标题(TITLE)相同,因【例 3.12】程序的标题是 Transportation,故在该栏目内输入 Transportation,在"说明"栏目内输入必要的说明文字,如"LINGO 运输模型数据(也可省略不填)",然后单击"选择"按钮,从弹出的对话框中找到数据源文件所在的文件夹并找到具体的文件名,单击"确定"按钮.

⑧ 连续单击"确定"按钮关闭 ODBC 数据源管理器的所有对话框.

2. 数据源文件中的数据结构

对 LINGO 程序中的每一条通过@ODBC 函数进行读或写操作的语句,数据源文件中都应当存在相应的数据,【例 3.12】中的 LINGO 程序只给出了集合的名称以及相应属性(变量)的名称,而没有指明集合的具体成员,在数据段通过@ODBC 函数得到集合的成员以及属性的具体值. 对于语句

PLANTS, CAPACITY = @ODBC( );

数据源文件 TRANDB.mdb 中存在如图 3.13 所示的名为 Plants 的表,表中有标题分别为 Plants 和 Capacity 的两列,其中 Plants 列含有 3 个成员,即 Plant1,Plant2,Plant3,对应的 Capacity 分别为 30,25,21.@ODBC 函数运行后,集合 PLANTS 不再为空,而是有了 3 个具体成员,即 Plant1,Plant2,Plant3,它们的供货能力(CAPACITY)分别为 30,25,21.

对于语句

CUSTOMERS, DEMAND = @ODBC( );

数据源文件 TRANDB.mdb 中存在如图 3.14 所示的名为 Customers 的表,表中列出了 4 个客户需求量 Demand 的取值. 语句运行后,LINGO 用 Customers 表中的 Demand 列对应的具体数据对属性 DEMAND 进行赋值.

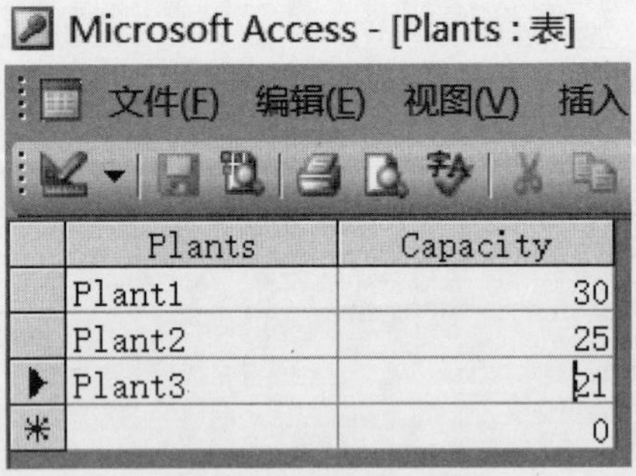

图 3.13 表 Plants 中的内容

图 3.14 表 Customers 中的内容

对于语句

ARCS, COST = @ODBC( );

数据源文件 TRANDB.mdb 中存在如图 3.15 所示的名为 Arcs 的表,表中列出了 3 个工厂到 4 个客户之间的运输单价 Cost 的已知值和运输量 Volume(待计算). LINGO 程序运行后,用 Arcs 数据表中的 Cost 列对应的具体数据对属性 COST 进行赋值.

Microsoft Access - [Arcs : 表]

文件(F)　编辑(E)　视图(V)　插入(I)　格式(O)　记录(R)　工具(T)

Plants	Customers	Cost	Volume
Plant1	Cust1	6	
Plant1	Cust2	2	
Plant1	Cust3	6	
Plant1	Cust4	7	
Plant2	Cust1	4	
Plant2	Cust2	9	
Plant2	Cust3	5	
Plant2	Cust4	3	
Plant3	Cust1	8	
Plant3	Cust2	8	
Plant3	Cust3	1	
Plant3	Cust4	5	
		0	0

图 3.15　表 Arcs 中的内容

程序中的语句

@ODBC( )= VOLUME;

把最优解(运输量 VOLUME 的值)写进表 Arcs 中标题为 Volume 的一列中的对应位置,如图 3.16 所示.

Microsoft Access - [Arcs : 表]

文件(F)　编辑(E)　视图(V)　插入(I)　格式(O)　记录(R)　工具(T)

Plants	Customers	Cost	Volume
Plant1	Cust1	6	2
Plant1	Cust2	2	17
Plant1	Cust3	6	1
Plant1	Cust4	7	0
Plant2	Cust1	4	13
Plant2	Cust2	9	0
Plant2	Cust3	5	0
Plant2	Cust4	3	12
Plant3	Cust1	8	0
Plant3	Cust2	8	0
Plant3	Cust3	1	21
Plant3	Cust4	5	0
*		0	0

图 3.16　求得的 Volume 值

不改变 LINGO 程序而仅仅注册另外的数据源文件,即可换其他数据进行计算,如文件 TRANDB2. mdb,也放在\LINGO \Samples 文件夹中,它内含的数据量大,有 50 个工厂和 200 个客户的同类数据. 类似地,用 ODBC 数据源管理器将它以名称 Transportation2 注册为新的数据源,并把【例 3. 12】程序中的标题改为 Transportation2,然后运行它,就能够用新的数据源重新计算.这体现了程序与数据分开的优点.

3.4.2 @ODBC 函数

1. @ODBC 函数的使用格式

@ODBC 函数只能用在数据段中,LINGO 程序可以通过它从数据源文件读取数据,也可以通过它把计算结果(最优解)写入数据源文件.

利用@ODBC 函数可以从数据文件读取以下两种类型数据：
① 集合的元素.文件中的集合元素必须是文本格式.
② 集合属性的具体数值.文件中的属性数据必须是数值格式.

用@ODBC 函数从数据文件读取数据的通用格式为

对象列表=@ODBC('数据源名称','数据表名称','列名1','列名2',…);

注2.5 ① 对象列表可以包含集合名、属性名,各对象之间用逗号分隔.对象列表至多可以包含一个集合(原始集合或派生集合)名,可以包含一个以上属性名,但是它们必须在同一个集合中定义(如果对象列表中有集合名,则属性就在该集合中定义).

② 数据源名称必须是在 ODBC 数据源管理器中注册过的名称,如果省略数据源名称,则默认名称与模型的标题(TITLE)一致.

③ 如果省略数据表名称,则默认数据表名称与对象列表中的集合名一致,如果对象列表中没有集合名,则默认数据表名称与对象列表中的属性所对应的集合名一致.

④ 列名参数指明数据所在列的列名(字段名),如果省略列名参数,LINGO 将根据对象列表中的集合名称或属性名称选择默认列名,对于原始集合,成员列表可以存放在数据表的一列中,每个属性数据也占一列,此时对象列表中的名称即为默认列名.如果对象列表中的集合是派生集合,则其成员存放在数据表的两列中(每一列对应一个原始集合,见图 3.15),此时 LINGO 将根据定义派生集合的两个原始集合名确定默认列名.在【例3.12】中派生集合 ARCS 由原始集合 PLANTS 和 CUSTOMERS 所派生,语句

ARCS,COST=@ODBC();

省略了列名参数,按照确定默认列名的规则,程序运行时将从数据源文件中名称为 ARCS (不区分大小写字符)的表中,列名为 PLANTS 和 CUSTOMERS 的两列得到派生集合 AECS 的成员列表,从列名为 COST 的一列数据得到属性 COST 的值.

⑤ 只有在省略列名参数的前提下才可以省略数据表名参数,并且只有在省略数据表名参数和列名参数的前提下才可以省略数据源名称参数.

【例3.13】 在目录\LINGO \Samples\中有文件名为 PERTODBC.lg4 模型,其中集合定义和数据段中的部分语句为

MODEL:
SETS:
    TASKS:TIME,ES,LS,SLACK;
PRED(TASKS,TASKS);
ENDSETS
DATA:
    TASKS=@ODBC('PERTODBC','TASKS','TASKS');
    PRED=@ODBC('PERTODBC','PRECEDENCE','BEFORE','AFTER');

```
TIME=@ODBC('PERTODBC');
@ODBC('PERTODBC','SOLUTION','TASKS','EARLIEST START','LATEST START') = TASKS,ES,LS;
ENDDATA
```

该模型定义了原始集合 TASKS 以及它的 4 个属性 TIME,ES,LS,SLACK,定义派生集合 PRED,它的每一维都是 TASKS.

在\LINGO\Samples\文件夹中有数据源文件 PERTODBC.mdb,用控制面板中的 ODBC 数据源管理器将它注册,注册名称为"PERTODBC". 语句

```
TASKS=@ODBC('PERTODBC','TASKS','TASKS');
```

从名称为 PERTODBC 的数据源中找到名称为 TASKS 的数据表,再找到列名为 TASKS 的一列,该列的 7 个成员即成为集合 TASKS 的成员,如图 3.17 中的表 TASKS 所示.

TASKS	TIME
DESIGN	10
FORECAST	14
SURVEY	3
PRICE	3
SCHEDULE	7
COSTOUT	4
TRAIN	10
*	0

PRECEDENCE	
BEFORE	AFTER
DESIGN	FORECAST
DESIGN	SURVEY
FORECAST	PRICE
FORECAST	SCHEDULE
SURVEY	PRICE
SCHEDULE	COSTOUT
PRICE	TRAIN
COSTOUT	TRAIN

图 3.17 TASKS 和 PRECEDENCE 数据表

语句

```
PRED=@ODBC('PERTODBC','PRECEDENCE','BEFORE','AFTER');
```

从名称为 PERTODBC 的数据源中找到名称为 PRECEDENCE 的数据表,再找到列名分别为 BEFORE 和 AFTER 的两列,如图 3.17 的表 PRECEDENCE 所示,用这两列数据形成派生集合 PRED 的 8 对成员(稀疏集合).

语句

```
TIME=@ODBC('PERTODBC');
```

省略了数据表名和列名,TIME 是集合 TASKS 的属性,所以默认数据表名即为 TASKS,默认列名即对象列表的属性名称 TIME.

2. 利用@ODBC 函数把计算结果写入文件

@ODBC 函数既可以从数据源文件读取数据,也可以将集合成员和属性的值导出到数据源文件. 在模型的数据段,利用@ODBC 函数可以把计算结果写入文件,使用格式为

@ODBC('数据源名称','数据表名称','列名 1','列名 2',…)= 对象列表;

其中各参数的含义如前所述.

在【例 3.13】的数据段有语句

```
@ODBC('PERTODBC','SOLUTION','TASKS','EARLIEST START','LATEST START') = TASKS,ES,LS;
```

该语句将集合 TASKS 的成员以及计算所得到的属性 ES 和 LS 的值分别写进名为 PERTODBC 的数据源文件中的名为 SOLUTION 的数据表中的 3 列,列名分别为 TASKS、EARLIEST START 和 LATEST START,结果见图 3.18.

```
SOLUTION
TASKS      EARLIEST START    LATEST START
DESIGN              0                  0
FORECAST           10                 10
SURVEY             10                 29
PRICE              24                 32
SCHEDULE           24                 24
COSTOUT            31                 31
TRAIN              35                 35
                    0                  0
```

图 3.18　表 SOLUTION 中的数据

3.5　本章小结

本章分 4 节介绍了 LINGO 18.0 外部文件接口. 3.1 节介绍通过 Windows 剪贴板传递数据,具体包含通过 Windows 剪贴板传递 Word 中的数据,通过 Windows 剪贴板传递 Mathematica 中的图像;3.2 节介绍了 LINGO 与文本文件传递数据,具体包含通过文本文件读取数据,通过文本文件输出数据;3.3 节介绍了 LINGO 与 Excel 文件传递数据,具体包含 LINGO 通过 Excel 文件输入数据,LINGO 通过 Excel 文件输出数据,LINGO 通过 Excel 文件传递数据实例;3.4 节介绍了 LINGO 与数据库传递数据,具体包括 LINGO 与 Access 进行数据传递,@ODBC 函数.

习　题　3

1. 在 LINGO 中粘贴二元函数函数 $z=-xy e^{-x^2-y^2}, -3 \leq x \leq 3, -3 \leq y \leq 3$ 的 Mathematica 图像.

2. 使用 @file 函数输入下列数据:为了防控新型冠状病毒,六个城市需求口罩量数据见表 3.8 所示.

表 3.8　六个城市口罩需求量(单位:只)

Beijing	Tianjin	Shanghai	Guangzhou	Shenyang	Wuhan
20000	15000	30000	40000	25000	50000

习题 3 答案

1. 在 Mathematica 中用鼠标选中 Mathematica 图像,在右键菜单中选择"复制图形"命令,然后在 LINGO 中单击 Edit 菜单中的 Paste 命令(或按快捷键 Ctrl+V),则 Mathematica 图像出现在 LINGO 程序中,如图 3.19 所示.

2. 存放数据的文本文件 myfile1.txt 的内容如下:
Beijing,Tianjin,Shanghai,Guangzhou,Shenyang,Wuhan~
mask~
20000,15000,30000,40000,25000,50000~

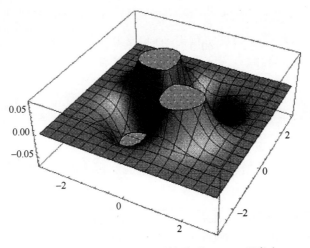

图 3.19 Mathematica 图形粘贴到 LINGO 程序中

现在,在 LINGO 模型窗口中建立如下 LINGO 模型:

model:
sets:
myset/@file(myfile1.txt)/:@file(myfile1.txt);
endsets
data:
mask=@file(myfile1.txt);
enddata
end

单击求解按钮 ◎ 得到的结果如图 3.20 所示.

```
Feasible solution found.
Total solver iterations:              0
Elapsed runtime seconds:           0.05

Model Class:                        ...

Total variables:           0
Nonlinear variables:       0
Integer variables:         0

Total constraints:         0
Nonlinear constraints:     0

Total nonzeros:            0
Nonlinear nonzeros:        0


                            Variable        Value
                       MASK( BEIJING)    20000.00
                       MASK( TIANJIN)    15000.00
                      MASK( SHANGHAI)    30000.00
                     MASK( GUANGZHOU)    40000.00
                      MASK( SHENYANG)    25000.00
                         MASK( WUHAN)    50000.00
```

图 3.20 运行结果图

运行上述 LINGO 模型的结果为:文本文件 myfile1.txt 中第一行的 6 个字符串赋值给集合 myset 的成员 mask,第二行的字符串 mask 成为集合 myset 的属性,第三行的 6 个数值赋值给属性 mask. 显然,输入文件 myfile1.txt 的编写必须要遵循一定的规则,否则输入就会出错.

求得:第一天的第一时段开始上班 60 人,第二时段开始上班 10 人,第三时段开始上班 50 人,第四时段开始上班 0 人,第五时段开始上班 20 人,第六时段开始上班 10 人;第二天上班第一时段开始上班 50 人,第二时段开始上班 20 人,第三时段开始上班 40 人,第四时段开始上班 10 人,第五时段开始上班 10 人,第六时段开始上班 20 人;第三天上班第一时段开始上班 40 人,第二时段开始上班 30 人,第三时段开始上班 30 人,第四时段开始上班 20 人,第五时段开始上班 30 人,第六时段无新人上班. 共计需要 450 人.

4.3 非线性规划模型

4.3.1 非线性规划模型

非线性规划是研究在一组非线性与(或)非线性约束条件下,求某个非线性或线性目标函数的最大值或最小值问题. 非线性规划问题通常可用数学模型表示为

$$目标函数 \quad z = f(x)$$

$$约束条件 \quad \begin{cases} h_i(x) = 0, & i = 1, 2, \cdots, m, \\ g_j(x) \geq 0 (\text{或} \leq 0), & j = 1, 2, \cdots, n \end{cases}$$

式中,$x = (x_1, x_2, \cdots, x_n)^T \in E^n$.

在优化设计时,非线性规划模型应用较多. 非线性规划模型有许多求解算法,例如拟线性规划法、拉格朗日乘子法、梯度法(微分法)、广义梯度法、罚函数法以及各种改进或组合算法等. 许多非线性规划模型的基础都是通过增加一些改进策略或措施,以求解线性规划模型为基础,寻找有效的求解途径.

【例 4.7】 利用 LINGO 求解二次规划

$$\max z = 10x_1 + 4x_2 - x_1^2 - x_2^2$$

$$\begin{cases} x_1 + x_2 \leq 6, \\ 4x_1 + x_2 \leq 18 \end{cases}$$

解 在 LINGO 18.0 窗口中输入如下命令:

```
max = 10*x1 + 4*x2 - x1^2 - x2^2;
x1 + x2 <= 6;
4*x1 + x2 <= 18;
```

单击求解按钮,得到如下结果:

```
Global optimal solution found.
Objective value:                              36.00000
Infeasibilities:                              0.000000
```

第 4 章 LINGO 在数学规划中的应用

本章概要
- 线性规划模型
- 整数线性规划模型
- 非线性规划模型

4.1 线性规划模型

在工程实践、科学技术、经济管理等诸多领域中,很多实际问题都能归结为求一个函数在一定约束条件下的最值问题,这类问题就是优化问题或规划问题. 系统优化模型大体可分为数学规划模型和非数学规划模型两大类,其中应用最广泛的是基于数学规划技术的优化模型,如线性规划、整数规划、非线性规划、动态规划模型等. 非数学规划模型大多数是基于经验和观察所总结的经验性方法.

解决数学规划问题是数学的一些最为常见的应用,无论进行何种工作,总是希望达到最好的结果,而使不好的方面或消耗等降低到最小. 数学规划模型正是要给定问题的约束条件,确定约束的可控变量的取值,以达到最优结果的模型.

建立规划问题的数学模型,首先要确定问题的决策变量,用 n 维变量 $x=(x_1,x_2,\cdots,x_n)^T$ 表示,然后构造模型的目标函数 $f(x)$ 和允许取值的范围 $x\in\Omega$,Ω 称可行域,常用一组不等式(或等式)$g_i(x)\leq 0(i=1,2,\cdots,m)$ 来界定,称为约束条件. 一般地,规划模型可表述为如下形式:

$$\min z = f(x), \tag{4.1}$$
$$\text{s.t.} \quad g_i(x) \leq 0 (i=1,2,\cdots,m). \tag{4.2}$$

由式(4.1)和式(4.2)组成的模型属于约束优化,若只有式(4.1)则是无约束优化. $f(x)$ 称为目标函数,$g_i(x)\leq 0$ 称为约束条件.

4.1.1 线性规划模型

在规划模型中,如果目标函数 $f(x)$ 和约束条件 $g_i(x)$ 都是线性函数,则该模型称为线性规划.

具有 m 个约束条件、n 个变量的线性规划模型一般地表示为

目标函数 $\quad \min z = \sum_{j=1}^{n} c_j x_j,$

约束条件 $\quad \begin{cases} \sum_{j=1}^{n} a_{ij} x_j \leq b_i, & i=1,2,\cdots,m, \\ x_j \geq 0, & j=1,2,\cdots,n. \end{cases}$

建立线性规划模型有3个基本步骤：

第一步，找出待定的未知变量(决策变量)，并用代数符号表示它们．

第二步，找出问题中所有的限制或约束，写出未知变量的线性方程或线性不等式．

第三步，找出模型的目标或判据，写出决策变量的线性函数，以便求出其最大值或最小值．

【例4.1】 设某选矿厂由3个矿山供应矿石，各矿山生产的矿石质量和成本如表4.1所示．选矿厂将这3种矿石混合使用，要求混合矿石的含铁量不低于48%，含磷量不高于0.25%．现在的问题是，这3种矿石应该怎样混合才能使选矿厂的原矿成本最低．

表4.1 矿石质量和运输成本

矿 山	含铁量/%	含磷量/%	成本/(元/t)
甲矿	54	0.13	890
乙矿	49	0.22	879
丙矿	45	0.34	875

解 第一步，确定决策变量．设甲、乙、丙3种矿石的比例分别为 x_1, x_2, x_3．

第二步，确定约束条件．在这个问题中，约束条件是铁和磷的含量．

含铁量：$54x_1 + 49x_2 + 45x_3 \geq 48$．

含磷量：$0.13x_1 + 0.22x_2 + 0.34x_3 \leq 0.25$．

第三步，确定目标函数．本问题的目标是使原矿成本最小，即

$$\min z = 890x_1 + 879x_2 + 875x_3.$$

根据以上三步可知，该问题的线性规划模型为

$$\min z = 890x_1 + 879x_2 + 875x_3,$$

$$\text{s.t.} \begin{cases} 54x_1 + 49x_2 + 45x_3 \geq 48, \\ 0.13x_1 + 0.22x_2 + 0.34x_3 \leq 0.25, \\ x_1 + x_2 + x_3 = 1, \\ x_1, x_2, x_3 \geq 0. \end{cases}$$

利用LINGO求解，在LINGO 18.0运行窗口输入如下代码：

```
min=890*x1+879*x2+875*x3;
54*x1+49*x2+45*x3>=48;
0.13*x1+0.22*x2+0.34*x3<=0.25;
x1+x2+x3=1;
x1>=0;x2>=0;x3>=0;
```

单击求解按钮得到如下结果：

Global optimal solution found.
Objective value: 878.0000
Infeasibilities: 0.000000
Total solver iterations: 3
Elapsed runtime seconds: 0.06
Model Class: LP

Total variables:	3		
Nonlinear variables:	0		
Integer variables:	0		
Total constraints:	7		
Nonlinear constraints:	0		
Total nonzeros:	15		
Nonlinear nonzeros:	0		

Variable	Value	Reduced Cost
X1	0.000000	6.000000
X2	0.7500000	0.000000
X3	0.2500000	0.000000

Row	Slack or Surplus	Dual Price
1	878.0000	−1.000000
2	0.000000	−1.000000
3	0.000000	0.000000
4	0.000000	−830.0000
5	0.000000	0.000000
6	0.7500000	0.000000
7	0.2500000	0.000000

由上述结果可知：最优解为 $x_2=0.75, x_3=0.25$，最优值为 $z=878$ 元．

评注 线性规划的数学模型包含变量、目标函数和约束条件 3 个部分．变量必须是连续的，目标函数是对变量的线性函数，约束条件是对变量的线性等式或不等式．

4.1.2 产品的生产计划问题

企业内部的生产计划有各种不同的情况．从空间层次上看，在工厂级要根据外部需求和内部设备、人力、原料等条件，以最大利润为目标制订产品的生产计划，在车间级则要根据产品生产计划、工艺流程、资源约束及费用参数等，以最小成本为目标制订生产作业计划．从时间层次看，若在短时间内认为外部需求和内部资源等不随时间变化，可制订单阶段生产计划，否则就要制订多阶段生产计划．

下面介绍一个单阶段生产计划的实例，说明如何建立这类问题的数学规划模型，并利用 LINGO 软件进行求解．

【例 4.2】 某材料厂利用甲、乙两台设备生产 A、B 两种产品，按工艺规定，每种产品都要经过甲、乙设备进行加工．生产单位 A 产品在甲、乙两台设备上的加工时间分别是 2h 和 3h，生产单位 B 产品在甲、乙两台设备上的加工时间分别是 4h 和 2h，甲、乙设备可以分别开动 180h 和 150h．若单位 A 产品的利润为 40 元，单位 B 产品的利润为 60 元，在充分利用现有资源的条件下，问如何安排两种产品的产量，才能获得最大的利润．

问题分析 这个优化问题的目标是获得最大的利润，要作的决策是生产计划，即生产多少产品 A、B，决策受到产品的加工时间和甲、乙设备的加工能力的影响．

解 决策变量：设 A、B 两种产品的产量分别为 x_1, x_2．
约束条件：
设备能力：A、B 两种产品的生产时间不得超过设备甲、乙的加工能力，即

$$2x_1+4x_2 \leq 180; \quad 3x_1+2x_2 \leq 150.$$

非负约束：x_1,x_2 均不能为负值，即 $x_1 \geq 0, x_2 \geq 0$。

目标函数：设利润为 z 元，获利为 $40x_1+60x_2$，故 $z=40x_1+60x_2$。

综上可得该问题的基本模型：

$$\max z = 40x_1+60x_2,$$

$$\text{s. t.} \begin{cases} 2x_1+4x_2 \leq 180, \\ 3x_1+2x_2 \leq 150, \\ x_1 \geq 0, x_2 \geq 0. \end{cases}$$

利用 LINGO 求解，在 LINGO 18.0 运行窗口输入如下代码：

```
max = 40 * x1+60 * x2;
2 * x1+4 * x2<=180;
3 * x1+2 * x2<=150;
x1>=0;
x2>=0;
```

单击求解按钮得到如下结果：

Global optimal solution found.

Objective value:	3000.000
Infeasibilities:	0.000000
Total solver iterations:	2
Elapsed runtime seconds:	0.05
Model Class:	LP
Total variables:	2
Nonlinear variables:	0
Integer variables:	0
Total constraints:	5
Nonlinear constraints:	0
Total nonzeros:	8
Nonlinear nonzeros:	0

Variable	Value	Reduced Cost
X1	30.00000	0.000000
X2	30.00000	0.000000

Row	Slack or Surplus	Dual Price
1	3000.000	1.000000
2	0.000000	12.50000
3	0.000000	5.000000
4	30.00000	0.000000
5	30.00000	0.000000

由上述结果可知：最优解为 $x_1=30, x_2=30$，最优值为 $z=3000$。

4.1.3 配料问题

【例 4.3】 某工厂要用 3 种原材料 Ⅰ、Ⅱ、Ⅲ 混合调配出 3 种不同规格的产品 A、B、

C. 已知产品的规格要求、产品单价、每天能工艺的原材料数量及原材料单价,分别如表 4.2 和表 4.3 所示. 该厂应如何安排生产,才能使利润收入最大?

表 4.2 产品规格要求及单价

产品名称	规 格 要 求	单价/(元/kg)
A	原材料Ⅰ不少于50% 原材料Ⅱ不超过25%	50
B	原材料Ⅰ不少于25% 原材料Ⅱ不超过50%	35
C	不限	25

表 4.3 原材料供应量及单价

原材料名称	每天最多供应量/kg	单价/(元/kg)
Ⅰ	100	65
Ⅱ	100	25
Ⅲ	60	35

解 决策变量:设每天生产的 A 产品中原材料Ⅰ、Ⅱ、Ⅲ的含量分别为 x_1, x_2, x_3(单位为 kg);

每天生产的 B 产品中原材料Ⅰ、Ⅱ、Ⅲ的含量分别为 x_4, x_5, x_6(单位为 kg);

每天生产的 C 产品中原材料Ⅰ、Ⅱ、Ⅲ的含量分别为 x_7, x_8, x_9(单位为 kg);

则每天生产的 A 产品的产量为 $x_1+x_2+x_3$(kg);B 产品的产量为 $x_4+x_5+x_6$(kg);C 产品的产量为 $x_7+x_8+x_9$(kg);原材料Ⅰ的需求量为 $x_1+x_4+x_7$(kg);原材料Ⅱ的需求量为 $x_2+x_5+x_8$(kg);原材料Ⅲ的需求量为 $x_3+x_6+x_9$(kg).

约束条件:

产品规格要求:A 产品的原材料Ⅰ含量不少于50%,则 $x_1 \geq \frac{1}{2}(x_1+x_2+x_3)$,即

$$-\frac{1}{2}x_1+\frac{1}{2}x_2+\frac{1}{2}x_3 \leq 0;$$

A 产品的原材料Ⅱ含量不超过25%,则 $x_2 \leq \frac{1}{4}(x_1+x_2+x_3)$,即

$$-\frac{1}{4}x_1+\frac{3}{4}x_2-\frac{1}{4}x_3 \leq 0;$$

B 产品的原材料Ⅰ含量不少于25%,则 $x_4 \geq \frac{1}{4}(x_4+x_5+x_6)$,即

$$-\frac{3}{4}x_4+\frac{1}{4}x_5+\frac{1}{4}x_6 \leq 0;$$

B 产品的原材料Ⅱ含量不超过50%,则 $x_5 \leq \frac{1}{2}(x_4+x_5+x_6)$,即

$$-\frac{1}{2}x_4+\frac{1}{2}x_5-\frac{1}{2}x_6 \leq 0.$$

原材料每天供应限制：

原材料 I 的最多供应量为 100kg，则 $x_1+x_4+x_7 \leq 100$；

原材料 II 的最多供应量为 100kg，则 $x_2+x_5+x_8 \leq 100$；

原材料 III 的最多供应量为 60kg，则 $x_3+x_6+x_9 \leq 60$.

非负约束 $x_1, x_2, \cdots, x_9$ 均不能为负值，即 $x_i \geq 0, i=1,2,\cdots,9$.

目标函数：设利润为 z 元，获利为销售收入减去原材料成本.

销售收入为

$$50(x_1+x_2+x_3)+35(x_4+x_5+x_6)+25(x_7+x_8+x_9),$$

原材料成本为

$$65(x_1+x_4+x_7)+25(x_2+x_5+x_8)+35(x_3+x_6+x_9),$$

利润（销售收入减去原材料成本）为

$$z = 50(x_1+x_2+x_3)+35(x_4+x_5+x_6)+25(x_7+x_8+x_9)-65(x_1+x_4+x_7)-25(x_2+x_5+x_8)-35(x_3+x_6+x_9)$$
$$= -15x_1+25x_2+15x_3-30x_4+10x_5-40x_7-10x_9.$$

综上可得该问题的基本模型为

$$\max z = -15x_1+25x_2+15x_3-30x_4+10x_5-40x_7-10x_9,$$

$$\text{s.t.} \begin{cases} -\dfrac{1}{2}x_1+\dfrac{1}{2}x_2+\dfrac{1}{2}x_3 \leq 0, \\ -\dfrac{1}{4}x_1+\dfrac{3}{4}x_2-\dfrac{1}{4}x_3 \leq 0, \\ -\dfrac{3}{4}x_4+\dfrac{1}{4}x_5+\dfrac{1}{4}x_6 \leq 0, \\ -\dfrac{1}{2}x_4+\dfrac{1}{2}x_5-\dfrac{1}{2}x_6 \leq 0, \\ x_1+x_4+x_7 \leq 100, \\ x_2+x_5+x_8 \leq 100, \\ x_3+x_6+x_9 \leq 60, \\ x_1 \geq 0, x_2 \geq 0, \cdots, x_9 \geq 0. \end{cases}$$

利用 LINGO 求解，在 LINGO 18.0 运行窗口输入如下代码：

```
max=-15*x1+25*x2+15*x3-30*x4+10*x5-40*x7-10*x9;
-x1+x2+x3<=0;
-x1+3*x2-x3<=0;
-3*x4+x5+x6<=0;
-x4+x5-x6<=0;
x1+x4+x7<=100;
x2+x5+x8<=100;
x3+x6+x9<=60;
x1>=0;x2>=0;x3>=0;x4>=0;x5>=0;x6>=0;x7>=0;x8>=0;x9>=0;
A=x1+x2+x3;
B=x4+x5+x6;
C=x7+x8+x9;
```

ycl1 = x1+x4+x7;
ycl2 = x2+x5+x8;
ycl3 = x3+x6+x9;

单击求解按钮◎得到如下结果：

Global optimal solution found.
 Objective value: 500.0000
 Infeasibilities: 0.000000
 Total solver iterations: 2
 Elapsed runtime seconds: 0.42
 Model Class: LP

 Total variables: 15
 Nonlinear variables: 0
 Integer variables: 0
 Total constraints: 23
 Nonlinear constraints: 0
 Total nonzeros: 61
 Nonlinear nonzeros: 0

Variable	Value	Reduced Cost
X1	100.0000	0.000000
X2	50.00000	0.000000
X3	50.00000	0.000000
X4	0.000000	0.000000
X5	0.000000	1.666667
X7	0.000000	45.00000
X9	0.000000	10.00000
X6	0.000000	11.66667
X8	0.000000	0.000000
A	200.0000	0.000000
B	0.000000	0.000000
C	0.000000	0.000000
YCL1	100.0000	0.000000
YCL2	50.00000	0.000000
YCL3	50.00000	0.000000

Row	Slack or Surplus	Dual Price
1	500.0000	1.000000
2	0.000000	17.50000
3	0.000000	2.500000
4	0.000000	11.66667
5	0.000000	0.000000
6	0.000000	5.000000
7	50.00000	0.000000
8	10.00000	0.000000
9	100.0000	0.000000

10	50.00000	0.000000
11	50.00000	0.000000
12	0.000000	0.000000
13	0.000000	0.000000
14	0.000000	0.000000
15	0.000000	0.000000
16	0.000000	0.000000
17	0.000000	0.000000
18	0.000000	0.000000
19	0.000000	0.000000
20	0.000000	0.000000
21	0.000000	0.000000
22	0.000000	0.000000
23	0.000000	0.000000

最终计算结果：每天只生产 A 产品 200kg，原材料 I 的需求量为 100kg，原材料 II 需求量为 50kg，原材料 III 需求量为 50kg，获得利润为每天 500 元.

4.2 整数线性规划模型

4.2.1 整数线性规划模型

在某些线性规划问题中，变量只取整数值才有意义，这时约束条件中还需添加变量取整数值的限制. 这就是整数规划问题，一般地表示为

$$目标函数 \quad \min z = \sum_{j=1}^{n} c_j x_j,$$

$$约束条件 \quad \begin{cases} \sum_{j=1}^{n} a_{ij} x_j \leq b_i, & i = 1, 2, \cdots, m, \\ x_j \geq 0, & j = 1, 2, \cdots, n, \end{cases}$$

x_j 为非负整数.

4.2.2 汽车的生产计划问题

【例 4.4】 一汽车厂生产小、中、大 3 种汽车，已知各类型每辆车对钢材、劳动时间的需求、利润，以及每月工厂钢材、劳动时间的现有量如表 4.4 所示，试制订月生产计划，使工厂的利润最大.

表 4.4 汽车厂的生产数据

	小 型	中 型	大 型	现 有 量
钢材	1.5	3	5	600
时间	280	250	400	60000
利润	2	3	4	

问题分析 汽车的生产计划就是确定生产何种车型以及各种车型的生产数量的方案，目的是使工厂的利润最大. 而从给出的数据看，汽车的生产受原材料和时间的限制，

所有的钢材需求量要不超过 600,所耗费的时间不超过 60000,在此条件下确定生产计划,使该汽车厂的利润最大.

解 决策变量:设每月生产小、中、大型汽车的数量分别为 x_1, x_2, x_3.

约束条件:汽车的生产受原材料和时间的限制.

钢材需求量要不超过 600,即 $1.5x_1 + 3x_2 + 5x_3 \leq 600$;

所耗费的时间不超过 60000,即 $280x_1 + 250x_2 + 400x_3 \leq 60\,000$;

汽车的数量必须得是整数,即 $x_1 、 x_2 、 x_3$ 为非负整数.

目标函数:使该汽车厂的利润最大,设工厂的月利润为 z,即 $\max z = 2x_1 + 3x_2 + 4x_3$.

可得到如下整数规划模型:

$$\max z = 2x_1 + 3x_2 + 4x_3,$$

$$\text{s. t.} \begin{cases} 1.5x_1 + 3x_2 + 5x_3 \leq 600, \\ 280x_1 + 250x_2 + 400x_3 \leq 60\,000, \\ x_1 、 x_2 、 x_3 \text{ 为非负整数}. \end{cases}$$

在线性规划模型中增加约束条件:$x_1 、 x_2 、 x_3$ 为整数,这样得到的模型称为整数规划.

利用 LINGO 求解,在 LINGO 18.0 运行窗口输入如下代码:

```
model:
max = 2 * x1 + 3 * x2 + 4 * x3;
1.5 * x1 + 3 * x2 + 5 * x3 <= 600;
280 * x1 + 250 * x2 + 400 * x3 <= 60000;
@gin(x1); @gin(x2); @gin(x3);
End
```

单击求解按钮⊙得到如下结果:

Global optimal solution found.

Objective value:	632.0000
Objective bound:	632.0000
Infeasibilities:	0.000000
Extended solver steps:	0
Total solver iterations:	4
Elapsed runtime seconds:	0.07
Model Class:	PILP
Total variables:	3
Nonlinear variables:	0
Integer variables:	3
Total constraints:	3
Nonlinear constraints:	0
Total nonzeros:	9
Nonlinear nonzeros:	0

Variable	Value	Reduced Cost
X1	64.00000	−2.000000
X2	168.0000	−3.000000
X3	0.000000	−4.000000

Row	Slack or Surplus	Dual Price
1	632.0000	1.000000
2	0.000000	0.000000
3	80.00000	0.000000

即问题要求的月生产计划为生产小型车 64 辆、中型车 168 辆,不生产大型车.

评注 像汽车这样的对象自然是整数变量,应该建立整数规划模型.

4.2.3 指派问题

设指派问题的费用矩阵为 $(c_{ij})_{n\times n}$,其元素 c_{ij} 表示指派第 i 个人去完成第 j 项任务时的费用($c_{ij} \geq 0$).

设问题的决策变量为

$$x_{ij} = \begin{cases} 1, & \text{当指派第 } i \text{ 个人去完成第 } j \text{ 项任务时,} \\ 0, & \text{当不指派第 } i \text{ 个人去完成第 } j \text{ 项任务时.} \end{cases}$$

约束条件:

每项任务都要有人去完成,则 $\sum_{i=1}^{n} x_{ij} = 1 (j = 1, 2, \cdots, n)$;

每个人都要完成一项任务,则 $\sum_{j=1}^{n} x_{ij} = 1 (i = 1, 2, \cdots, n)$.

目标函数:完成 n 项任务的总费用 $z = \sum_{i=1}^{n} \sum_{j=1}^{n} c_{ij} x_{ij}$ 最小化.

问题的数学模型为

$$\min z = \sum_{i=1}^{n} \sum_{j=1}^{n} c_{ij} x_{ij},$$

$$\text{s.t.} \begin{cases} \sum_{i=1}^{n} x_{ij} = 1, & j = 1, 2, \cdots, n, \\ \sum_{j=1}^{n} x_{ij} = 1, & i = 1, 2, \cdots, n, \\ x_{ij} = 0 \text{ 或 } 1, & i, j = 1, 2, \cdots, n. \end{cases}$$

【例 4.5】 现有四项任务,甲、乙、丙、丁四人均能完成,每人完成的时间如表 4.5 所示,为节省时间安排每人完成一项即可,问应当怎样分派工作,才能使所需时间最少.

表 4.5 工作时间表(单位:h)

人员\任务	1	2	3	4
甲	2	15	13	4
乙	10	4	14	15
丙	9	14	16	13
丁	7	8	11	9

问题分析 这是一个最优指派问题,引入 0-1 变量:

$$x_{ij} = \begin{cases} 1, & \text{当指派第 } i \text{ 个人去完成第 } j \text{ 项任务时,} \\ 0, & \text{当不指派第 } i \text{ 个人去完成第 } j \text{ 项任务时.} \end{cases}$$

建立整数规划进行求解.

解

决策变量:设

$$x_{ij} = \begin{cases} 1, & \text{当指派第} i \text{个人去完成第} j \text{项任务时,} \\ 0, & \text{当不指派第} i \text{个人去完成第} j \text{项任务时.} \end{cases}$$

约束条件:

每项任务都要有一人去完成,则 $\sum_{i=1}^{4} x_{ij} = 1, j = 1,2,3,4$;

每人都要去完成一项任务,则 $\sum_{j=1}^{4} x_{ij} = 1, i = 1,2,3,4$.

目标函数:使完成任务的时间最少,设完成所有任务的总时间 z, a_{ij} 表示第 i 个人完成第 j 项任务所需要的时间,即

$$\min z = \sum_{i=1}^{4} \sum_{j=1}^{4} a_{ij} x_{ij}.$$

则可得到如下整数规划模型

$$\min z = \sum_{i=1}^{4} \sum_{j=1}^{4} a_{ij} x_{ij},$$

$$\text{s.t.} \begin{cases} \sum_{i=1}^{4} x_{ij} = 1, & j = 1,2,3,4, \\ \sum_{j=1}^{4} x_{ij} = 1, & i = 1,2,3,4, \\ x_{ij} = 0 \text{ 或 } 1, & i,j = 1,2,3,4. \end{cases}$$

利用 LINGO 求解,在 LINGO 18.0 运行窗口输入如下代码:

model:
sets:
num/1..4/;
link(num,num):a,x;
endsets
data:
a = 2,15,13,4,10,4,14,15,9,14,16,13,7,8,11,9;
enddata
min = @sum(link:a*x);
@for(num(j):@sum(num(i):x(i,j)) = 1);
@for(num(i):@sum(num(j):x(i,j)) = 1);
@for(link:@bin(x));

单击求解按钮 ◎ 得到如下结果:

Global optimal solution found.
  Objective value: 28.00000
  Objective bound: 28.00000
  Infeasibilities: 0.000000
  Extended solver steps: 0

Total solver iterations:		0
Elapsed runtime seconds:		0.06
Model Class:		PILP
Total variables:	16	
Nonlinear variables:	0	
Integer variables:	16	
Total constraints:	9	
Nonlinear constraints:	0	
Total nonzeros:	48	
Nonlinear nonzeros:	0	

Variable	Value	Reduced Cost
A(1, 1)	2.000000	0.000000
A(1, 2)	15.00000	0.000000
A(1, 3)	13.00000	0.000000
A(1, 4)	4.000000	0.000000
A(2, 1)	10.00000	0.000000
A(2, 2)	4.000000	0.000000
A(2, 3)	14.00000	0.000000
A(2, 4)	15.00000	0.000000
A(3, 1)	9.000000	0.000000
A(3, 2)	14.00000	0.000000
A(3, 3)	16.00000	0.000000
A(3, 4)	13.00000	0.000000
A(4, 1)	7.000000	0.000000
A(4, 2)	8.000000	0.000000
A(4, 3)	11.00000	0.000000
A(4, 4)	9.000000	0.000000
X(1, 1)	0.000000	2.000000
X(1, 2)	0.000000	15.00000
X(1, 3)	0.000000	13.00000
X(1, 4)	1.000000	4.000000
X(2, 1)	0.000000	10.00000
X(2, 2)	1.000000	4.000000
X(2, 3)	0.000000	14.00000
X(2, 4)	0.000000	15.00000
X(3, 1)	1.000000	9.000000
X(3, 2)	0.000000	14.00000
X(3, 3)	0.000000	16.00000
X(3, 4)	0.000000	13.00000
X(4, 1)	0.000000	7.000000
X(4, 2)	0.000000	8.000000
X(4, 3)	1.000000	11.00000
X(4, 4)	0.000000	9.000000

Row	Slack or Surplus	Dual Price
1	28.00000	−1.000000
2	0.000000	0.000000
3	0.000000	0.000000
4	0.000000	0.000000
5	0.000000	0.000000
6	0.000000	0.000000
7	0.000000	0.000000
8	0.000000	0.000000
9	0.000000	0.000000

即甲完成第4项任务,乙完成第2项任务,丙完成第1项任务,丁完成第3项任务,总用时达到最小值28h.

4.2.4 排班问题

【例4.6】 抗击新冠病毒期间,某方舱医院内每天各时间段内所需医护人员的人数如表4.6所示,假设医护人员分别在各时间区段之一开始上班,连续工作8h,并且为了保证医护人员能得到有效的休息,每三天一轮班,问该方舱医院至少要配备多少医护人员才能正常运行.

表4.6 工作时间表

班 次	时 间	所需人数
1	6:00~10:00	60
2	10:00~14:00	70
3	14:00~18:00	60
4	18:00~22:00	50
5	22:00~2:00	20
6	2:00~6:00	30

问题分析 由于是三天一轮班,所以实际的班次应该是18个班次,由于人数是整数,故可建立整数规划进行求解.

解 模型建立及求解.

决策变量:设 $x_i(i=1,2,\cdots,18)$ 表示第 i 个区段上班的人数.

约束条件:第一时段需要的人数是60人,包括上一个班次和本班次上班的人,于是有 $x_{18}+x_1 \geqslant 60$,同理可得各时段的约束条件.

目标函数:设要使方舱医院正常运转的最少人数为 z,即 $\min z = \sum_{i=1}^{18} x_i$.

则可得到如下整数规划模型:

$$\min z = \sum_{i=1}^{18} x_i,$$

$$\text{s. t.} \begin{cases} x_{18}+x_1 \geqslant 60, \\ x_1+x_2 \geqslant 70, \\ x_2+x_3 \geqslant 60, \\ x_3+x_4 \geqslant 50, \\ x_4+x_5 \geqslant 30, \\ x_5+x_6 \geqslant 20, \\ x_7+x_8 \geqslant 70, \\ x_8+x_9 \geqslant 60, \\ x_9+x_{10} \geqslant 50, \\ x_{10}+x_{11} \geqslant 30, \\ x_{11}+x_{12} \geqslant 20, \\ x_{12}+x_{13} \geqslant 60, \\ x_{13}+x_{14} \geqslant 70, \\ x_{14}+x_{15} \geqslant 60, \\ x_{15}+x_{16} \geqslant 50, \\ x_{16}+x_{17} \geqslant 30, \\ x_{17}+x_{18} \geqslant 20. \end{cases}$$

利用 LINGO 求解,在 LINGO 18.0 运行窗口输入如下代码:

```
model:
sets:
num/1..18/:x;
endsets
min=@sum(num(i):x(i));
x(18)+x(1)>=60;   x(1)+x(2)>=70;
x(2)+x(3)>=60;    x(3)+x(4)>=50;
x(4)+x(5)>=20;    x(5)+x(6)>=30;
x(6)+x(7)>=60;    x(7)+x(8)>=70;
x(8)+x(9)>=60;    x(9)+x(10)>=50;
x(10)+x(11)>=20;  x(11)+x(12)>=30;
x(12)+x(13)>=60;  x(13)+x(14)>=70;
x(14)+x(15)>=60;  x(15)+x(16)>=50;
x(16)+x(17)>=20;  x(17)+x(18)>=30;
@for(num(i):@gin(x(i)));
end
```

单击求解按钮 ◎ 得到如下结果:

Global optimal solution found.
  Objective value: 450.0000
  Objective bound: 450.0000
  Infeasibilities: 0.000000

Extended solver steps:	0
Total solver iterations:	12
Elapsed runtime seconds:	0.06
Model Class:	PILP
Total variables:	18
Nonlinear variables:	0
Integer variables:	18
Total constraints:	19
Nonlinear constraints:	0
Total nonzeros:	54
Nonlinear nonzeros:	0

Variable	Value	Reduced Cost
X(1)	60.00000	1.000000
X(2)	10.00000	1.000000
X(3)	50.00000	1.000000
X(4)	0.000000	1.000000
X(5)	20.00000	1.000000
X(6)	10.00000	1.000000
X(7)	50.00000	1.000000
X(8)	20.00000	1.000000
X(9)	40.00000	1.000000
X(10)	10.00000	1.000000
X(11)	10.00000	1.000000
X(12)	20.00000	1.000000
X(13)	40.00000	1.000000
X(14)	30.00000	1.000000
X(15)	30.00000	1.000000
X(16)	20.00000	1.000000
X(17)	30.00000	1.000000
X(18)	0.000000	1.000000

Row	Slack or Surplus	Dual Price
1	450.0000	−1.000000
2	0.000000	0.000000
3	0.000000	0.000000
4	0.000000	0.000000
5	0.000000	0.000000
6	0.000000	0.000000
7	0.000000	0.000000
8	0.000000	0.000000
9	0.000000	0.000000
10	0.000000	0.000000
11	0.000000	0.000000
12	0.000000	0.000000

13	0.000000	0.000000
14	0.000000	0.000000
15	0.000000	0.000000
16	0.000000	0.000000
17	0.000000	0.000000
18	30.00000	0.000000
19	0.000000	0.000000

求得:第一天的第一时段开始上班 60 人,第二时段开始上班 10 人,第三时段开始上班 50 人,第四时段开始上班 0 人,第五时段开始上班 20 人,第六时段开始上班 10 人;第二天上班第一时段开始上班 50 人,第二时段开始上班 20 人,第三时段开始上班 40 人,第四时段开始上班 10 人,第五时段开始上班 10 人,第六时段开始上班 20 人;第三天上班第一时段开始上班 40 人,第二时段开始上班 30 人,第三时段开始上班 30 人,第四时段开始上班 20 人,第五时段开始上班 30 人,第六时段无须人上班. 共计需要 450 人.

4.3 非线性规划模型

4.3.1 非线性规划模型

非线性规划是研究在一组线性与(或)非线性约束条件下,寻求某个非线性或线性目标函数的最大值或最小值问题. 非线性规划问题通常可用数学模型表示为

目标函数 $z=f(x)$,

约束条件 $\begin{cases} h_i(x)=0, & i=1,2,\cdots,m, \\ g_j(x) \geq 0(或 \leq 0), & j=1,2,\cdots,n, \end{cases}$

式中,$x=(x_1,x_2,\cdots,x_n)^T \in E^n$.

在优化设计时,非线性规划模型应用较多,非线性规划模型有许多求解算法,例如拟线性规划法、拉格朗日乘子法、梯度法(微分法)、广义简约梯度法、罚函数法以及各种改进或组合算法等. 许多非线性规划模型的求解都是通过增加一些改进策略或措施,以求解线性规划模型为基础,寻找有效的求解途径.

【例 4.7】 利用 LINGO 求解二次规划

$$\max z = 10x_1 + 4x_2 - x_1^2 + 4x_1x_2 - 4x_2^2,$$

$$\text{s. t.} \begin{cases} x_1 + x_2 \leq 6, \\ 4x_1 + x_2 \leq 18. \end{cases}$$

解 在 LINGO 18.0 运行窗口输入如下代码:

max = 10 * x1+4 * x2-x1^2+4 * x1 * x2-4 * x2^2;
x1+x2<=6;
4 * x1+x2<=18;

单击求解按钮 得到如下结果:

Global optimal solution found.
Objective value: 48.00000
Infeasibilities: 0.000000

Total solver iterations:	8
Elapsed runtime seconds:	0.30
Model is convex quadratic	
Model Class:	QP
Total variables:	2
Nonlinear variables:	2
Integer variables:	0
Total constraints:	3
Nonlinear constraints:	1
Total nonzeros:	6
Nonlinear nonzeros:	3

Variable	Value	Reduced Cost
X1	4.000000	0.000000
X2	2.000000	0.000000

Row	Slack or Surplus	Dual Price
1	48.00000	1.000000
2	0.000000	2.000000
3	0.000000	2.000000

最终求得 $x_1=4, x_2=2$，最大值为 48.

4.3.2 极值问题

【例 4.8】 在平面 xoy 上求一点，使它到 $x=0, y=0$，及 $x+2y-16=0$ 三直线距离的平方之和最小.

问题分析 该问题是无条件极值问题，所以可以建立无约束规划模型求解，点的坐标无非负性要求.

解 模型建立及求解.

决策变量：设一点 M 的坐标为 (x_1, x_2)，到直线 $x=0$ 的距离的平方为 x_2^2，到直线 $y=0$ 的距离的平方为 x_1^2，到直线 $x+2y-16=0$ 的距离的平方为 $\dfrac{(x_1+2x_2-16)^2}{5}$.

目标函数：使距离的平方和 $x_1^2+x_2^2+\dfrac{(x_1+2x_2-16)^2}{5}$ 最大，设距离的平方和为 z，即

$$\max z = x_1^2 + x_2^2 + \frac{(x_1+2x_2-16)^2}{5},$$

则可得到如下无约束规划模型：

$$\max z = x_1^2 + x_2^2 + \frac{(x_1+2x_2-16)^2}{5}.$$

利用 LINGO 求解，在 LINGO 18.0 运行窗口输入如下代码：

```
min=x1^2+x2^2+((x1+2*x2-16)^2)/5;
@free(x); @free(y);
```

单击求解按钮 得到如下结果：

Global optimal solutionfound.

Objective value:		25.60000
Infeasibilities:		0.000000
Total solver iterations:		4
Elapsed runtime seconds:		0.06
Model is convex quadratic		
Model Class:		QP
Total variables:	4	
Nonlinear variables:	2	
Integer variables:	0	
Total constraints:	1	
Nonlinear constraints:	1	
Total nonzeros:	2	
Nonlinear nonzeros:	3	

Variable	Value	Reduced Cost
X1	1.600000	0.2247452E-08
X2	3.200000	0.4260721E-08
X	0.000000	0.000000
Y	0.000000	0.000000

Row	Slack or Surplus	Dual Price
1	25.60000	-1.000000

求得该点坐标为 $(1.6, 3.2)$,距离的平方和最小为 25.6.

【例 4.9】 在上半椭球面 $\frac{x^2}{3}+\frac{y^2}{12}+\frac{z^2}{27}=1$ 及 $z=0$ 所围成的封闭曲面内作一底面平行于 xOy 面的体积最大的内接长方体,问这长方体的长、宽、高的尺寸为多少?

问题分析 该问题是条件极值问题,但其目标函数和约束条件都是非线性的,所以可以建立非线性规划模型求解,点的坐标有非负性要求.

解 模型建立及求解.

决策变量:设长方体在椭球面上位于第一卦限内任一点 M 的坐标为 (x,y,z),则长方体的长为 $2x$,宽为 $2y$,高为 z.

约束条件:点在椭球面 $\frac{x^2}{3}+\frac{y^2}{12}+\frac{z^2}{27}=1$ 上,满足椭球面方程,所以 $\frac{x^2}{3}+\frac{y^2}{12}+\frac{z^2}{27}=1$.

点在第一卦限内.
$$\begin{cases} x>0 \\ y>0 \\ z>0 \end{cases}$$

目标函数:内接长方体的体积最大,设内接长方体的体积为 v,$v=4xyz$,即 max $v=4xyz$.

则可得到如下数学规划模型:
$$\max v=4xyz,$$
$$\text{s.t.} \begin{cases} \frac{x^2}{3}+\frac{y^2}{12}+\frac{z^2}{27}=1. \\ x>0, y>0, z>0 \end{cases}$$

利用 LINGO 求解,在 LINGO 18.0 运行窗口输入如下代码:

```
max = 4 * x * y * z;
(x^2)/3+(y^2)/12+(z^2)/27=1;
x>0; y>0; z>0;
```

单击求解按钮 得到如下结果:

Local optimal solution found.
Objective value:	24.00000
Infeasibilities:	0.000000
Extended solver steps:	1
Best multistart solution found at step:	1
Total solver iterations:	12
Elapsed runtime seconds:	0.06
Model Class:	NLP
Total variables:	3
Nonlinear variables:	3
Integer variables:	0
Total constraints:	2
Nonlinear constraints:	2
Total nonzeros:	6
Nonlinear nonzeros:	6

Variable	Value	Reduced Cost
X	1.000000	0.000000
Y	2.000000	-0.1212136E-07
Z	3.000000	0.1788734E-08

Row	Slack or Surplus	Dual Price
1	24.00000	1.000000
2	0.000000	36.00000

求得:该点为(1,2,3),则长方体的长为2,宽为4,高为3,内接长方体的体积最大为24.

【例 4.10】 某工厂销售一种机器,最近三个月的产品交货日期和数量如下:第一个月交货40台,第二个月交货60台,第三个月交货80台.工厂的最大生产能力是每个月100台,每个月的生产费用是 $f(x)=50x+0.2x^2$(单位:元), x 为每个月生产机器的台数,每台机器的存储费用为每个月4元.问该厂每个月应生产多少台机器,才能满足供货要求且又花费最小的费用.

问题分析 由于工厂的生产能力超过交货数量,多余的产品可以储存到后期进行销售,所以需要支付储存费用.生产费用是非线性函数,可以建立非线性规划模型求解.且由于是求机器生产的台数,因此决策变量有整数的要求.

解 模型建立及求解.

决策变量:设 x_1, x_2, x_3 分别表示工厂在第一个月、第二个月、第三个月的机器产量.

约束条件:产品的产量受生产能力、销售量的影响.

生产能力的影响:最大生产能力是每个月100台,故有 $x_1 \leq 100, x_2 \leq 100, x_3 \leq 100$.

销售量的影响:产品的产量要高于产品的销售量,才能满足供货需求.

第一个月交货 40 台,故 $x_1 \geq 40$;
第二个月交货 60 台,故 $x_1+x_2 \geq 40+60$;
第三个月交货 80 台,故 $x_1+x_2+x_3 \geq 40+60+80$.

目标函数:要使总成本最小,设总成本为 z,成本包括生产成本和存储成本. 生产成本为

$$50x_1+0.2x_1^2+50x_2+0.2x_2^2+50x_3+0.2x_3^2,$$

储存成本为

$$4(x_1-40)+4(x_1+x_2-100)=8x_1+4x_2-560,$$

总成本为

$$z=58x_1+0.2x_1^2+54x_2+0.2x_2^2+50x_3+0.2x_3^2-560,$$

即

$$\min z=58x_1+0.2x_1^2+54x_2+0.2x_2^2+50x_3+0.2x_3^2-560.$$

则可得到如下非线性规划模型

$$\min z=58x_1+0.2x_1^2+54x_2+0.2x_2^2+50x_3+0.2x_3^2-560,$$

$$\text{s.t.} \begin{cases} x_1 \geq 40, \\ x_1+x_2 \geq 100, \\ x_1+x_2+x_3 \geq 180, \\ x_1 \leq 100, \\ x_2 \leq 100, \\ x_3 \leq 100, \\ x_1,x_2,x_3 \text{ 为整数}. \end{cases}$$

利用 LINGO 求解,在 LINGO 18.0 运行窗口输入如下代码:

```
min=58*x1+0.2*x1^2+54*x2+0.2*x2^2+50*x3+0.2*x3^2-560;
x1+x2+x3>=180;
x1+x2>=100;
x1>=40;
x1<=100;
x2<=100;
x3<=100;
@gin(x1);@gin(x2);@gin(x3);
```

单击求解按钮 得到如下结果:

Global optimal solution found.
  Objective value: 11280.00
  Objective bound: 11280.00
  Infeasibilities: 0.000000
  Extended solver steps: 1
  Total solver iterations: 99
  Elapsed runtime seconds: 0.17
  Model is convex quadratic
  Model Class: PIQP

Total variables:	3	
Nonlinear variables:	3	
Integer variables:	3	
Total constraints:	7	
Nonlinear constraints:	1	
Total nonzeros:	12	
Nonlinear nonzeros:	3	

Variable	Value	Reduced Cost
X1	50.00000	-3.724760
X2	60.00000	-3.724760
X3	70.00000	-3.724760

Row	Slack or Surplus	Dual Price
1	11280.00	-1.000000
2	0.000000	-81.72476
3	10.00000	0.000000
4	10.00000	0.000000
5	50.00000	0.000000
6	40.00000	0.000000
7	30.00000	0.000000

最终求得第一个月生产机器 50 台,第二个月生产机器 60 台,第三个月生产机器 70 台,最小成本为 11280 元.

4.4 本章小结

本章介绍了 LINGO 18.0 在数学规划中的应用. 4.1 节介绍了线性规划模型及 LINGO 在线性规划中的应用;4.2 节介绍了整数规划模型及 LINGO 在整数规划中的应用;4.3 节介绍了非线性规划模型及 LINGO 在非线性规划中的应用.

习 题 4

1. 某炼油厂计划生产汽油 15 万吨,煤油 12 万吨,重油 12 万吨. 现有两种原油 A、B,每吨原油 A 的价格是 200 元,每吨原油 B 的价格是 310 元. 原油成分如表 4.7 所示.

表 4.7 原油成分数据表

成分\原油	A	B
含汽油	15%	50%
含煤油	20%	30%
含重油	50%	15%
其他	15%	5%

应如何采购原油,才能使得花费最小?

2. 某市有甲、乙、丙、丁四个居民区,自来水由 A、B、C 三个水库供应. 四个区每天必须得到保证的基本生活用水量分别为 30,70,10,10 千吨,三个水库每天最多只能分别供应 50,60,50 千吨自来水. 由于地理位置的差别,自来水公司从各水库向各区送水所需付出的引水管理费不同(见表 4.8,其中 C 水库与丁区之间没有输水管道),此外,四个区都向自来水公司申请了额外用水量,分别为 50,70,20,40 千吨. 该公司应如何分配供水量,才能使费用最少?

表 4.8 各水库向各区送水所需付出的引水管理费(供不应求)

引水管理费/(元/千吨)	甲	乙	丙	丁
A	160	130	220	170
B	140	130	190	150
C	190	200	230	/

3. 有 4 个工人,要指派他们分别完成 4 项工作,每人做各项工作所消耗的时间如表 4.9 所示.

表 4.9 工作时间表(单位:h)

工人＼工作	1	2	3	4
甲	15	18	21	24
乙	19	23	22	18
丙	26	17	16	19
丁	19	21	23	17

指派哪个人去完成哪项工作,才可使总的消耗时间最小?

4. 某昼夜服务的公交公司每天各时间段内所需司机的人数如表 4.10 所示.

表 4.10 工作时间表

班 次	时 间	所需人数
1	6:00~10:00	55
2	10:00~14:00	60
3	14:00~18:00	70
4	18:00~22:00	50
5	22:00~2:00	20
6	2:00~6:00	20

假设司机分别在各时间区段之一开始上班,并连续工作 8h,问该公司每天至少要配备多少司机?

5. 要造一个容积为 32 立方米的长方体无盖水池,应如何选择水池的尺寸,方可使它的表面积最小?

习题 4 答案

1. 建立此问题的线性规划模型:

$$\min z = 200x_1 + 310x_2,$$

$$\text{s. t.} \begin{cases} 0.15x_1 + 0.5x_2 \geq 15, \\ 0.2x_1 + 0.3x_2 \geq 12, \\ 0.5x_1 + 0.15x_2 \geq 12, \\ x_1 \geq 0, x_2 \geq 0, x_3 \geq 0. \end{cases}$$

在 LINGO 18.0 运行窗口输入如下代码：

min = 200 * x1 + 310 * x2;
0.15 * x1 + 0.50 * x2 >= 15;
0.2 * x1 + 0.3 * x2 >= 12;
0.5 * x1 + 0.15 * x2 >= 12;
x1 >= 0; x2 >= 0; x3 >= 0;

单击求解按钮 ⊙ 得到如下结果：

Global optimal solution found.
  Objective value: 12218.18
  Infeasibilities: 0.000000
  Total solver iterations: 3
  Elapsed runtime seconds: 0.06
  Model Class: LP

  Total variables: 3
  Nonlinear variables: 0
  Integer variables: 0

  Total constraints: 7
  Nonlinear constraints: 0

  Total nonzeros: 11
  Nonlinear nonzeros: 0

Variable	Value	Reduced Cost
X1	27.27273	0.000000
X2	21.81818	0.000000
X3	0.000000	0.000000

Row	Slack or Surplus	Dual Price
1	12218.18	−1.000000
2	0.000000	−36.36364
3	0.000000	−972.7273
4	4.909091	0.000000
5	27.27273	0.000000
6	21.81818	0.000000
7	0.000000	0.000000

求得：购买原材料 A 约 27.27 万 t，原材料 B 约 21.82 万 t，总费用为 12218.18 万元.

2. 设 x_{ij} 为水库 i 向居民区 j 的日供水量，$i=1,2,3, j=1,2,3,4$. 该问题的线性规划模型为

$$\min z = 160x_{11} + 130x_{12} + 220x_{13} + 170x_{14} + 140x_{21}$$
$$+ 130x_{22} + 190x_{23} + 150x_{24} + 190x_{31} + 200x_{32} + 230x_{33},$$

$$\text{s. t.} \begin{cases} x_{11}+x_{12}+x_{13}+x_{14}=50, \\ x_{21}+x_{22}+x_{23}+x_{24}=60, \\ x_{31}+x_{32}+x_{33}=50, \\ 30 \leq x_{11}+x_{21}+x_{31} \leq 80, \\ 70 \leq x_{12}+x_{22}+x_{32} \leq 140, \\ 10 \leq x_{13}+x_{23}+x_{33} \leq 30, \\ 10 \leq x_{14}+x_{24} \leq 50. \end{cases}$$

利用 LINGO 求解，在 LINGO 18.0 运行窗口输入如下代码：

```
min = 160 * x11+130 * x12+220 * x13+170 * x14+140 * x21+130 * x22+190 * x23+150 * x24+190 * x31+200 * x32+230 * x33+72000;
          x11+x12+x13+x14=50;
          x21+x22+x23+x24=60;
          x31+x32+x33=50;
          x11+x21+x31<=80;
          x11+x21+x31>=30;
          x12+x22+x32<=140;
          x12+x22+x32>=70;
          x13+x23+x33<=30;
          x13+x23+x33>=10;
          x14+x24<=50;
          x14+x24>=10;
x11>=0;x12>=0;x13>=0;x14>=0;x21>=0;x22>=0;x23>=0;x24>=0;x31>=0;x32>=0;x33>=0;x34>=0;
```

单击求解按钮 ◎ 得到如下结果：

Global optimal solution found.

Objective value：	24400.00
Infeasibilities：	0.000000
Total solver iterations：	8
Elapsed runtime seconds：	0.06
Model Class：	LP
Total variables：	12
Nonlinear variables：	0
Integer variables：	0
Totalconstraints：	24
Nonlinear constraints：	0
Total nonzeros：	56
Nonlinear nonzeros：	0

Variable	Value	Reduced Cost
X11	0.000000	30.00000
X12	50.00000	0.000000
X13	0.000000	50.00000

X14	0.000000	20.00000
X21	0.000000	10.00000
X22	50.00000	0.000000
X23	0.000000	20.00000
X24	10.00000	0.000000
X31	40.00000	0.000000
X32	0.000000	10.00000
X33	10.00000	0.000000
X34	0.000000	0.000000
Row	Slack or Surplus	Dual Price
1	24400.00	−1.000000
2	0.000000	−130.0000
3	0.000000	−130.0000
4	0.000000	−190.0000
5	40.00000	0.000000
6	10.00000	0.000000
7	40.00000	0.000000
8	30.00000	0.000000
9	20.00000	0.000000
10	0.000000	−40.00000
11	40.00000	0.000000
12	0.000000	−20.00000
13	0.000000	0.000000
14	50.00000	0.000000
15	0.000000	0.000000
16	0.000000	0.000000
17	0.000000	0.000000
18	50.00000	0.000000
19	0.000000	0.000000
20	10.00000	0.000000
21	40.00000	0.000000
22	0.000000	0.000000
23	10.00000	0.000000
24	0.000000	0.000000

求得送水方案为：A 水库向乙区供水 50 千吨，B 水库向乙、丁区分别供水 50 千吨、10 千吨，C 水库向甲、丙区分别供水 40 千吨、10 千吨、引水管理费 24400 元．

3. 整数规划模型为

$$\min z = \sum_{i=1}^{4} \sum_{j=1}^{4} a_{ij} x_{ij},$$

$$\text{s.t.} \begin{cases} \sum_{i=1}^{4} x_{ij} = 1, & j = 1,2,3,4, \\ \sum_{j=1}^{4} x_{ij} = 1, & i = 1,2,3,4, \\ x_{ij} = 0 \text{ 或 } 1, & i,j = 1,2,3,4. \end{cases}$$

利用 LINGO 求解，在 LINGO 18.0 运行窗口输入如下代码：

model:
sets:
num/1..4/;
link(num,num):a,x;
endsets
data:
a=15,18,21,24,19,23,22,18,26,17,16,19,19,21,23,17;
enddata
min=@sum(link:a*x);
@for(num(j):@sum(num(i):x(i,j))=1);
@for(num(i):@sum(num(j):x(i,j))=1);
@for(link:@bin(x));

单击求解按钮 得到如下结果：

Global optimal solution found.
Objective value:	70.00000
Objective bound:	70.00000
Infeasibilities:	0.000000
Extended solver steps:	0
Total solver iterations:	0
Elapsed runtime seconds:	0.32
Model Class:	PILP
Total variables:	16
Nonlinear variables:	0
Integer variables:	16
Total constraints:	9
Nonlinear constraints:	0
Total nonzeros:	48
Nonlinear nonzeros:	0

Variable	Value	Reduced Cost
A(1, 1)	15.00000	0.000000
A(1, 2)	18.00000	0.000000
A(1, 3)	21.00000	0.000000
A(1, 4)	24.00000	0.000000
A(2, 1)	19.00000	0.000000
A(2, 2)	23.00000	0.000000
A(2, 3)	22.00000	0.000000
A(2, 4)	18.00000	0.000000
A(3, 1)	26.00000	0.000000
A(3, 2)	17.00000	0.000000
A(3, 3)	16.00000	0.000000
A(3, 4)	19.00000	0.000000
A(4, 1)	19.00000	0.000000

A(4, 2)	21.00000	0.000000
A(4, 3)	23.00000	0.000000
A(4, 4)	17.00000	0.000000
X(1, 1)	0.000000	15.00000
X(1, 2)	1.000000	18.00000
X(1, 3)	0.000000	21.00000
X(1, 4)	0.000000	24.00000
X(2, 1)	1.000000	19.00000
X(2, 2)	0.000000	23.00000
X(2, 3)	0.000000	22.00000
X(2, 4)	0.000000	18.00000
X(3, 1)	0.000000	26.00000
X(3, 2)	0.000000	17.00000
X(3, 3)	1.000000	16.00000
X(3, 4)	0.000000	19.00000
X(4, 1)	0.000000	19.00000
X(4, 2)	0.000000	21.00000
X(4, 3)	0.000000	23.00000
X(4, 4)	1.000000	17.00000

Row	Slack or Surplus	Dual Price
1	70.00000	−1.000000
2	0.000000	0.000000
3	0.000000	0.000000
4	0.000000	0.000000
5	0.000000	0.000000
6	0.000000	0.000000
7	0.000000	0.000000
8	0.000000	0.000000
9	0.000000	0.000000

即甲完成第2项任务,乙完成第1项任务,丙完成第3项任务,丁完成第4项任务,总用时达到最小值70h.

4. **解** 整数规划模型为

$$\min z = \sum_{i=1}^{6} x_i,$$

$$\text{s.t.} \begin{cases} x_6 + x_1 \geqslant 55, \\ x_1 + x_2 \geqslant 60, \\ x_2 + x_3 \geqslant 70, \\ x_3 + x_4 \geqslant 50, \\ x_4 + x_5 \geqslant 20, \\ x_5 + x_6 \geqslant 20. \end{cases}$$

利用LINGO求解,在LINGO 18.0运行窗口输入如下代码:

model:

```
sets:
num/1..6/:x;
endsets
min=@sum(num(i):x(i));
x(6)+x(1)>=55;   x(1)+x(2)>=60;
x(2)+x(3)>=70;   x(3)+x(4)>=50;
x(4)+x(5)>=20;   x(5)+x(6)>=20;
@for(num(i):@gin(x(i)));
end
```

单击求解按钮 得到如下结果：

Global optimal solution found.

Objective value:	145.0000
Objective bound:	145.0000
Infeasibilities:	0.000000
Extended solver steps:	0
Total solver iterations:	5
Elapsed runtime seconds:	0.06
Model Class:	PILP
Total variables:	6
Nonlinear variables:	0
Integer variables:	6
Total constraints:	7
Nonlinear constraints:	0
Total nonzeros:	18
Nonlinear nonzeros:	0

Variable	Value	Reduced Cost
X(1)	55.00000	1.000000
X(2)	20.00000	1.000000
X(3)	50.00000	1.000000
X(4)	0.000000	1.000000
X(5)	20.00000	1.000000
X(6)	0.000000	1.000000

Row	Slack or Surplus	Dual Price
1	145.0000	-1.000000
2	0.000000	0.000000
3	15.00000	0.000000
4	0.000000	0.000000
5	0.000000	0.000000
6	0.000000	0.000000
7	0.000000	0.000000

求得：第一天的第一时段开始上班55人；第二时段开始上班20人；第三时段开始上班50人；第四时段开始上班0人；第五时段开始上班20人；第六时段开始上班0人．共计需要145人．

5. 设长方体的长、宽、高分别为 x,y,z,则数学模型为

$$\max s = xy + 2(xz + yz),$$
$$\text{s.t.} \begin{cases} xyz = 32, \\ x \geq 0, y \geq 0, z \geq 0. \end{cases}$$

利用 LINGO 求解,在 LINGO 18.0 运行窗口输入如下代码:

min=x*y+2*x*z+2*y*z;

x*y*z=32;

x>=0;y>=0;z>=0;

单击求解按钮 得到如下结果:

Local optimal solution found.

Objective value:	48.00000
Infeasibilities:	0.000000
Extended solver steps:	5
Best multistart solution found at step:	1
Total solver iterations:	107
Elapsed runtime seconds:	0.42
Model Class:	NLP
Total variables:	3
Nonlinear variables:	3
Integer variables:	0
Total constraints:	5
Nonlinear constraints:	2
Total nonzeros:	9
Nonlinear nonzeros:	6

Variable	Value	Reduced Cost
X	4.000000	0.000000
Y	4.000000	0.5929727E-08
Z	2.000000	0.000000

Row	Slack or Surplus	Dual Price
1	48.00000	-1.000000
2	0.000000	-1.000000
3	4.000000	0.000000
4	4.000000	0.000000
5	2.000000	0.000000

求得:当长为 4 米,宽为 4 米,高为 2 米时,表面积最小值为 48 平方米.

第 5 章 LINGO 多目标规划模型

本章概要

- 目标规划模型
- 多目标规划

5.1 目标规划模型

5.1.1 目标规划的一般模型

设 $x_j(j=1,2,\cdots,n)$ 为决策变量,问题有 $L(L \geqslant 1)$ 个目标,可分为 $K(K \leqslant L)$ 个优先等级,按目标的排列顺序赋予优先因子 p_k,且规定 $p_k \gg p_{k+1}(k=1,2,\cdots,K-1)$. 要区别相同等级的两个目标,可以通过加权系数来决定主次. 比如,对于同一等级目标的偏差量 d_k^-,d_k^+ 赋予加权系数 w_k^-,w_k^+,这些都是根据实际问题来确定的. 一般目标决策问题的目标规划模型为

$$\min z = \sum_{k=1}^{K} p_k \Big[\sum_{l=1}^{L} (w_{kl}^- d_l^- + w_{kl}^+ d_l^+) \Big],$$

$$\text{s.t.} \begin{cases} \sum_{j=1}^{n} a_{ij} x_j \leqslant (=, \geqslant) b_i, & i=1,2,\cdots,m, \\ \sum_{j=1}^{n} c_{lj} x_j + d_l^- - d_l^+ = g_l, & l=1,2,\cdots,L, \\ x_j \geqslant 0, & j=1,2,\cdots,n, \\ d_l^-, d_l^+ \geqslant 0, & l=1,2,\cdots,L. \end{cases}$$

其中 $a_{ij},b_i(i=1,2,\cdots,m;j=1,2,\cdots,n)$ 为系统约束的相关参数值,$c_{lj}(l=1,2,\cdots,L;j=1,2,\cdots,n)$ 为各目标的相关参数值,$g_l(l=1,2,\cdots,L)$ 为 L 个目标的指标值,均为已知常数.

【例 5.1】 求解目标规划

$$\min z = P_1 d_1^- + P_2 d_4^+ + 5P_3 d_2^- + 3P_3 d_3^- + P_4 d_1^+,$$

$$\text{s.t.} \begin{cases} x_1 + x_2 + d_1^- - d_1^+ = 80, \\ x_1 + d_2^- - d_2^+ = 60, \\ x_2 + d_3^- - d_3^+ = 45. \\ x_1 + x_2 + d_4^- - d_4^+ = 90, \\ x_1, x_2 \geqslant 0, d_i^-, d_i^+ \geqslant 0, i=1,2,3,4. \end{cases}$$

利用 LINGO 求解,在 LINGO 18.0 运行窗口输入如下代码:

```
model:
sets:
level/1..4/:z,goal;
variable/1,2/:x;
s_con_num/1..4/:g,dplus,dminus;
s_con(s_con_num,variable):c;
obj(level,s_con_num)/1 1,2 4,3 2,3 3,4 1/:wplus,wminus;
endsets
data:
goal=0;
g=80,60,45,90;
c=1,1,1,0,0,1,1,1;
wplus=0,1,0,0,1;
wminus=1,0,5,3,0;
enddata
submodel myzmb:
[mobj]min=z(num);
@for(level(i):z(i)=@sum(obj(i,j):wplus(i,j)*dplus(j)+wminus(i,j)*dminus(j)));
@for(s_con_num(i):@sum(variable(j):c(i,j)*x(j))+dminus(i)-dplus(i)=g(i));
@for(level(i)|i #lt# num:z(i)=goal(i));
endsubmodel
calc:
@for(level(i):num=i;@solve(myzmb);goal(i)=mobj;@write('第',num,'次运算:x(1)=',
x(1),',x(2)=',x(2),',最优偏差值为',mobj,@newline(2)));
endcalc
end
```

单击求解按钮 ◎ 得到如下结果:

Global optimal solution found.
Objective value: 0.000000
Infeasibilities: 0.000000
Total solver iterations: 0
Elapsed runtime seconds: 0.14
Model Class: LP

Total variables: 14
Nonlinear variables: 0
Integer variables: 0
Total constraints: 9
Nonlinear constraints: 0
Total nonzeros: 24
Nonlinear nonzeros: 0

Variable	Value	Reduced Cost
CTR	1.000000	0.000000

Z(1)	0.000000	0.000000
Z(2)	0.000000	0.000000
Z(3)	135.0000	0.000000
Z(4)	0.000000	0.000000
GOAL(1)	0.000000	0.000000
GOAL(2)	0.000000	0.000000
GOAL(3)	0.000000	0.000000
GOAL(4)	0.000000	0.000000
X(1)	80.00000	0.000000
X(2)	0.000000	0.000000
G(1)	80.00000	0.000000
G(2)	60.00000	0.000000
G(3)	45.00000	0.000000
G(4)	90.00000	0.000000
DPLUS(1)	0.000000	0.000000
DPLUS(2)	20.00000	0.000000
DPLUS(3)	0.000000	0.000000
DPLUS(4)	0.000000	0.000000
DMINUS(1)	0.000000	1.000000
DMINUS(2)	0.000000	0.000000
DMINUS(3)	45.00000	0.000000
DMINUS(4)	10.00000	0.000000
C(1, 1)	1.000000	0.000000
C(1, 2)	1.000000	0.000000
C(2, 1)	1.000000	0.000000
C(2, 2)	0.000000	0.000000
C(3, 1)	0.000000	0.000000
C(3, 2)	1.000000	0.000000
C(4, 1)	1.000000	0.000000
C(4, 2)	1.000000	0.000000
WPLUS(1, 1)	0.000000	0.000000
WPLUS(2, 4)	1.000000	0.000000
WPLUS(3, 2)	0.000000	0.000000
WPLUS(3, 3)	0.000000	0.000000
WPLUS(4, 1)	1.000000	0.000000
WMINUS(1, 1)	1.000000	0.000000
WMINUS(2, 4)	0.000000	0.000000
WMINUS(3, 2)	5.000000	0.000000
WMINUS(3, 3)	3.000000	0.000000
WMINUS(4, 1)	0.000000	0.000000

Row	Slack or Surplus	Dual Price
MOBJ	0.000000	−1.000000
2	0.000000	−1.000000

3	0.000000	0.000000
4	0.000000	0.000000
5	0.000000	0.000000
6	0.000000	0.000000
7	0.000000	0.000000
8	0.000000	0.000000
9	0.000000	0.000000

第1次运算：$x(1)=80, x(2)=0$，最优偏差值为0.

Global optimal solution found.
Objective value: 0.000000
Infeasibilities: 0.000000
Total solver iterations: 0
Elapsed runtime seconds: 0.17
Model Class: LP
Total variables: 13
Nonlinear variables: 0
Integer variables: 0
Total constraints: 9
Nonlinear constraints: 0
Total nonzeros: 23
Nonlinear nonzeros: 0

Variable	Value	Reduced Cost
CTR	2.000000	0.000000
Z(1)	0.000000	0.000000
Z(2)	0.000000	0.000000
Z(3)	300.0000	0.000000
Z(4)	10.00000	0.000000
GOAL(1)	0.000000	0.000000
GOAL(2)	0.000000	0.000000
GOAL(3)	0.000000	0.000000
GOAL(4)	0.000000	0.000000
X(1)	0.000000	0.000000
X(2)	90.00000	0.000000
G(1)	80.00000	0.000000
G(2)	60.00000	0.000000
G(3)	45.00000	0.000000
G(4)	90.00000	0.000000
DPLUS(1)	10.00000	0.000000
DPLUS(2)	0.000000	0.000000
DPLUS(3)	45.00000	0.000000
DPLUS(4)	0.000000	1.000000
DMINUS(1)	0.000000	0.000000
DMINUS(2)	60.00000	0.000000

DMINUS(3)	0.000000	0.000000
DMINUS(4)	0.000000	0.000000
C(1, 1)	1.000000	0.000000
C(1, 2)	1.000000	0.000000
C(2, 1)	1.000000	0.000000
C(2, 2)	0.000000	0.000000
C(3, 1)	0.000000	0.000000
C(3, 2)	1.000000	0.000000
C(4, 1)	1.000000	0.000000
C(4, 2)	1.000000	0.000000
WPLUS(1, 1)	0.000000	0.000000
WPLUS(2, 4)	1.000000	0.000000
WPLUS(3, 2)	0.000000	0.000000
WPLUS(3, 3)	0.000000	0.000000
WPLUS(4, 1)	1.000000	0.000000
WMINUS(1, 1)	1.000000	0.000000
WMINUS(2, 4)	0.000000	0.000000
WMINUS(3, 2)	5.000000	0.000000
WMINUS(3, 3)	3.000000	0.000000
WMINUS(4, 1)	0.000000	0.000000

Row	Slack or Surplus	Dual Price
MOBJ	0.000000	-1.000000
2	0.000000	0.000000
3	0.000000	-1.000000
4	0.000000	0.000000
5	0.000000	0.000000
6	0.000000	0.000000
7	0.000000	0.000000
8	0.000000	0.000000
9	0.000000	0.000000
10	0.000000	0.000000

第 2 次运算:$x(1)=0, x(2)=90$,最优偏差值为 0.

Global optimal solution found.
Objective value: 45.00000
Infeasibilities: 0.000000
Total solver iterations: 3
Elapsed runtime seconds: 0.20
Model Class: LP
Total variables: 12
Nonlinear variables: 0
Integer variables: 0
Total constraints: 9
Nonlinear constraints: 0

Total nonzeros:	22		
Nonlinear nonzeros:	0		

Variable	Value	Reduced Cost
CTR	3.000000	0.000000
Z(1)	0.000000	0.000000
Z(2)	0.000000	0.000000
Z(3)	45.00000	0.000000
Z(4)	10.00000	0.000000
GOAL(1)	0.000000	0.000000
GOAL(2)	0.000000	0.000000
GOAL(3)	0.000000	0.000000
GOAL(4)	0.000000	0.000000
X(1)	60.00000	0.000000
X(2)	30.00000	0.000000
G(1)	80.00000	0.000000
G(2)	60.00000	0.000000
G(3)	45.00000	0.000000
G(4)	90.00000	0.000000
DPLUS(1)	10.00000	0.000000
DPLUS(2)	0.000000	3.000000
DPLUS(3)	0.000000	3.000000
DPLUS(4)	0.000000	0.000000
DMINUS(1)	0.000000	0.000000
DMINUS(2)	0.000000	2.000000
DMINUS(3)	15.00000	0.000000
DMINUS(4)	0.000000	3.000000
C(1, 1)	1.000000	0.000000
C(1, 2)	1.000000	0.000000
C(2, 1)	1.000000	0.000000
C(2, 2)	0.000000	0.000000
C(3, 1)	0.000000	0.000000
C(3, 2)	1.000000	0.000000
C(4, 1)	1.000000	0.000000
C(4, 2)	1.000000	0.000000
WPLUS(1, 1)	0.000000	0.000000
WPLUS(2, 4)	1.000000	0.000000
WPLUS(3, 2)	0.000000	0.000000
WPLUS(3, 3)	0.000000	0.000000
WPLUS(4, 1)	1.000000	0.000000
WMINUS(1, 1)	1.000000	0.000000
WMINUS(2, 4)	0.000000	0.000000
WMINUS(3, 2)	5.000000	0.000000
WMINUS(3, 3)	3.000000	0.000000

WMINUS(4, 1)	0.000000	0.000000
Row	Slack or Surplus	Dual Price
MOBJ	45.00000	−1.000000
2	0.000000	0.000000
3	0.000000	−3.000000
4	0.000000	−1.000000
5	0.000000	0.000000
6	0.000000	0.000000
7	0.000000	−3.000000
8	0.000000	−3.000000
9	0.000000	3.000000
10	0.000000	0.000000
11	0.000000	3.000000

第 3 次运算：$x(1)=60, x(2)=30$，最优偏差值为 45．

Global optimal solution found.

Objective value：	10.00000
Infeasibilities：	0.000000
Total solver iterations：	0
Elapsed runtime seconds：	0.25
Model Class：	LP
Total variables：	11
Nonlinear variables：	0
Integer variables：	0
Total constraints：	9
Nonlinear constraints：	0
Total nonzeros：	21
Nonlinear nonzeros：	0

Variable	Value	Reduced Cost
CTR	4.000000	0.000000
Z(1)	0.000000	0.000000
Z(2)	0.000000	0.000000
Z(3)	45.00000	0.000000
Z(4)	10.00000	0.000000
GOAL(1)	0.000000	0.000000
GOAL(2)	0.000000	0.000000
GOAL(3)	45.00000	0.000000
GOAL(4)	0.000000	0.000000
X(1)	60.00000	0.000000
X(2)	30.00000	0.000000
G(1)	80.00000	0.000000
G(2)	60.00000	0.000000
G(3)	45.00000	0.000000

G(4)	90.00000	0.000000
DPLUS(1)	10.00000	0.000000
DPLUS(2)	0.000000	1.000000
DPLUS(3)	0.000000	1.000000
DPLUS(4)	0.000000	0.000000
DMINUS(1)	0.000000	0.000000
DMINUS(2)	0.000000	0.6666667
DMINUS(3)	15.00000	0.000000
DMINUS(4)	0.000000	0.000000
C(1, 1)	1.000000	0.000000
C(1, 2)	1.000000	0.000000
C(2, 1)	1.000000	0.000000
C(2, 2)	0.000000	0.000000
C(3, 1)	0.000000	0.000000
C(3, 2)	1.000000	0.000000
C(4, 1)	1.000000	0.000000
C(4, 2)	1.000000	0.000000
WPLUS(1, 1)	0.000000	0.000000
WPLUS(2, 4)	1.000000	0.000000
WPLUS(3, 2)	0.000000	0.000000
WPLUS(3, 3)	0.000000	0.000000
WPLUS(4, 1)	1.000000	0.000000
WMINUS(1, 1)	1.000000	0.000000
WMINUS(2, 4)	0.000000	0.000000
WMINUS(3, 2)	5.000000	0.000000
WMINUS(3, 3)	3.000000	0.000000
WMINUS(4, 1)	0.000000	0.000000

Row	Slack or Surplus	Dual Price
MOBJ	10.00000	−1.000000
2	0.000000	1.000000
3	0.000000	0.000000
4	0.000000	−0.3333333
5	0.000000	−1.000000
6	0.000000	1.000000
7	0.000000	−1.000000
8	0.000000	−1.000000
9	0.000000	0.000000
10	0.000000	−1.000000
11	0.000000	0.000000
12	0.000000	0.3333333

第 4 次运算:$x(1)=60, x(2)=30$,最优偏差值为 10.

5.1.2 目标规划模型应用

【例 5.2】 某医学院进行校内职称评审工作,提级后将要进行工资调整,在拟定升级调资方案时,要满足如下要求:

① 学校每年将拿出 60 万元资金作为提级补贴,调级后增加的工资不得超过这个限额;

② 每级的人数不得超过编制规定的人数;

③ 副教授和讲师升入上一级的指标不得超过现有人数的 20%,并尽可能多提;

④ 讲师的名额由助教补齐,教授将有 10% 的人要退休,退休工资由社保发放.

具体数据见表 5.1 所示,问应如何制定一个合理的升级调资方案?

表 5.1 职称评定名额

级别\项目	年工资涨幅/(元/人)	现有人数/人	编制人数/人
教授	2000	100	120
副教授	1500	120	150
讲师	1000	150	150

解 决策变量:设教授、副教授、讲师的评定名额分别为 x_1, x_2, x_3.

优先等级:

P_1:调级后增加的工资不得超过 60 万元;

P_2:每级的人数不得超过编制规定的人数;

P_3:副教授和讲师升入上一级的指标数不得超过现有人数的 20%,讲师的名额由助教补齐,并尽可能多地提高教师整体的职称结构.

目标约束:

(1) 补贴工资总额的目标约束

$2000(100-100\times 0.1+x_1)+1500(120-x_1+x_2)+1000(150-x_2+x_3)+d_1^--d_1^+=6000000.$

其中,d_1^- 为补贴工资的结余额;d_1^+ 为补贴工资的不足额.

(2) 编制限额的目标约束

教授编制数:$100(1-10\%)+x_1+d_2^--d_2^+=120$;

副教授编制数:$120-x_1+x_2+d_3^--d_3^+=150$;

讲师编制数:$150-x_2+x_3+d_4^--d_4^+=150.$

其中:d_2^- 为教授编制的余额数;d_2^+ 为教授编制的超额人数;d_3^- 为副教授编制的余额数;d_3^+ 为副教授编制的超额人数;d_4^- 为讲师编制的余额数;d_4^+ 为讲师编制的超额人数.

(3) 提升面限制的目标约束

副教授升级数:$x_1+d_5^--d_5^+=120\times 20\%$;

讲师升级数:$x_2+d_6^--d_6^+=150\times 20\%$;

助教升级数:$x_3+d_7^--d_7^+=x_2.$

其中:d_5^- 为副教授升级数低于限额的人数;d_2^+ 为副教授升级数高于限额的人数;d_6^- 为讲师升级数低于限额的人数;d_3^+ 为讲师升级数高于限额数的人数;d_7^- 为助教升级数低于限额的人数;d_7^+ 为助教升级数高于限额的人数.

目标函数：

设目标值为 z，根据题意，可得目标函数为
$$\min z = P_1 d_1^+ + P_2(d_2^+ + d_3^+ + d_4^+) + P_3(d_5^- + d_6^- + d_7^-).$$

综上可得该问题的基本模型：
$$\min z = P_1 d_1^+ + P_2(d_2^+ + d_3^+ + d_4^+) + P_3(d_5^- + d_6^- + d_7^-),$$

$$\text{s. t.} \begin{cases} 500x_1 + 500x_2 + 1000x_3 + d_1^- - d_1^+ = 90000, \\ x_1 + d_2^- - d_2^+ = 30, \\ -x_1 + x_2 + d_3^- - d_3^+ = 30, \\ -x_2 + x_3 + d_4^- - d_4^+ = 0, \\ x_1 + d_5^- - d_5^+ = 24, \\ x_2 + d_6^- - d_6^+ = 30, \\ -x_2 + x_3 + d_7^- - d_7^+ = 0, \\ x_1 \geq 0, x_2 \geq 0, x_3 \geq 0, d_i^- \geq 0, d_i^+ \geq 0, i = 1, 2, \cdots, 7. \end{cases}$$

利用 LINGO 求解，在 LINGO 18.0 运行窗口输入如下代码：

```
model:
sets:
level/1..3/:z,goal;
variable/1..3/:x;
s_con_num/1..7/:g,dplus,dminus;
s_con(s_con_num,variable):c;
obj(level,s_con_num)/1 1,2 2,2 3,2 4, 3 5,3 6,3 7/:wplus,wminus;
endsets
data:
goal=0;
g=90000,30,30,0,24,30,0;
c=500,500,1000,1,0,0,-1,1,0,0,-1,1,1,0,0,0,1,0,0,-1,1;
wplus=1,1,1,1,0,0,0;
wminus=0,0,0,0,1,1,1;
enddata
submodel myzmb:
[mobj]min=z(num);
@for(level(i):z(i)=@sum(obj(i,j):wplus(i,j)*dplus(j)+wminus(i,j)*dminus(j)));
@for(s_con_num(i):@sum(variable(j):c(i,j)*x(j))+dminus(i)-dplus(i)=g(i));
@for(level(i)|i #lt# num: z(i)=goal(i));
endsubmodel
calc:
@for(level(i):num=i; @solve(myzmb);goal(i)=mobj; @write('第',num,'次运算:x(1)=',x(1),'
,x(2)=',x(2),',x(3)=',x(3),',最优偏差值为',mobj,@newline(2)));
endcalc
end
```

单击求解按钮 ⊙ 可得到结果,部分数据如下所示:
第 1 次运算: $x(1)=0, x(2)=0, x(3)=90$, 最优偏差值为 0;
第 2 次运算: $x(1)=0, x(2)=0, x(3)=0$, 最优偏差值为 0;
第 3 次运算: $x(1)=24, x(2)=30, x(3)=30$, 最优偏差值为 0.

Variable	Value	Reduced Cost
X(1)	24.00000	0.000000
X(2)	30.00000	0.000000
X(3)	30.00000	0.000000
DPLUS(1)	0.000000	0.000000
DPLUS(2)	0.000000	0.000000
DPLUS(3)	0.000000	0.000000
DPLUS(4)	0.000000	0.000000
DPLUS(5)	0.000000	0.000000
DPLUS(6)	0.000000	0.000000
DPLUS(7)	0.000000	0.000000
DMINUS(1)	33000.00	0.000000
DMINUS(2)	6.000000	0.000000
DMINUS(3)	24.00000	0.000000
DMINUS(4)	0.000000	0.000000
DMINUS(5)	0.000000	1.000000
DMINUS(6)	0.000000	1.000000
DMINUS(7)	0.000000	1.000000

解得满足所有条件的最优方案如下:教授名额为 24 人,副教授名额为 30 人,讲师名额为 30 人。每年的工资结余为 33000 元,教授编制余额为 6 人,副教授编制余额为 24 人,讲师编制余额为 0 人,各级别升级人数均未超过限额.

【例 5.3】 某工厂同时生产 A、B 两种产品,生产两种产品的效率都是 1000m/h,该工厂每周最大工作时间为 80h. 据预测,A、B 两种产品每周最大销售量分别为 70000m 和 45000m,A 产品的利润是 25 元/m,B 产品的利润是 15 元/m. 该工厂的生产目标是:

(1) 充分利用现有的生产能力;

(2) 加班的时间不超过 10h;

(3) A、B 两种产品每周的产量不超过最大销售量 70000m 和 45000m,其权重系数以每米的利润为准;

(4) 尽量减少加班时间.

建立该问题的目标规划模型并进行求解.

解 决策变量:设 A、B 两种产品的生产时间分别为 x_1、x_2 小时,则 A、B 两种产品的产量分别为 $1000x_1$ m、$1000x_2$ m.

优先等级:

P_1:每周 80h 的生产能力要尽可能加以利用;

P_2:加班时间要控制在 10h 之内;

P_3:A、B 两种产品每周的产量分别不超过最大销售量 70000m 和 45000m,其权重系数以每米的利润为准;

P_4:尽量减少加班时间.

目标约束:

(1) 每周可利用工作时间的目标约束

$$\min\{P_1 d_1^-\},$$
$$x_1+x_2+d_1^--d_1^+=80.$$

其中:d_1^-为生产时间不足 80h 的偏差量;d_1^+为生产时间超过 80h 的偏差量,即工厂的加班时间.

(2) 每周可利用加班时间的目标约束

加班时间要控制在 10h 之内且尽量减少加班时间,则

$$\min\{P_2 d_2^+ + P_4 d_1^+\},$$
$$d_1^+ + d_2^- - d_2^+ = 10.$$

其中:d_2^-为加班时间不足 10h 的偏差量;d_2^+为加班时间超过 10h 的偏差量;

(3) 产品产量的目标约束

$$\min\{P_3(5d_3^- + 3d_4^+)\}.$$

A 产品每周的产量不超过最大销售量 70000m:$1000x_1 + d_3^- - d_3^+ = 70000$;

B 产品每周的产量不超过最大销售量 42000m:$1000x_2 + d_4^- - d_4^+ = 45000$.

其中:d_3^-为 A 产品每周的产量低于最大销售量 70000m 的数量;d_3^+为 A 产品每周的产量高于最大销售量 70000m 的数量;d_4^-为 B 产品每周的产量低于最大销售量 45000m 的数量;d_4^+为 B 产品每周的产量高于于最大销售量 45000m 的数量.

且目标的权重系数为利润之比 25:15 = 5:3.

目标函数:

设目标值为 z,根据题意,可得目标函数为

$$\min z = P_1 d_1^- + P_2 d_2^+ + P_3(5d_3^- + 3d_4^+) + P_4 d_1^+.$$

综上可得该问题的基本模型:

$$\min z = P_1 d_1^- + P_2 d_2^+ + P_3(5d_3^- + 3d_4^+) + P_4 d_1^+,$$

$$\text{s.t.} \begin{cases} x_1 + x_2 + d_1^- - d_1^+ = 80, \\ d_1^+ - d_2^- - d_2^+ = 10, \\ 1000x_1 + d_3^- - d_3^+ = 70000, \\ 1000x_2 + d_4^- - d_4^+ = 45000, \\ x_1 \geq 0, x_2 \geq 0, d_i^- \geq 0, d_i^+ \geq 0, i = 1, 2, 3, 4. \end{cases}$$

利用 LINGO 求解,在 LINGO 18.0 运行窗口输入如下代码:

```
model:
sets:
level/1..4/:z,g,goal;
variable/1,2 /:x;
s_con_num/1..5/:dplus,dminus;
s_con(level,variable):c;
obj(level,s_con_num)/1 1,2 2,3 3,3 4, 4 1/:wplus,wminus;
```

```
endsets
data:
goal = 0;
g = 80,10,70000,45000;
c = 1,1,0,0,1000,0,0,1000;
wplus = 0,1,5,3,1;
wminus = 1,0,0,0,0;
enddata
submodel myzmb:
[mobj]min = z(num);
@for(level(i):z(i) = @sum(obj(i,j):wplus(i,j)*dplus(j)+wminus(i,j)*dminus(j)));
@for(level(i):@sum(variable(j):c(i,j)*x(j))+dminus(i)-dplus(i) = g(i));
@for(level(i)|i #lt# num: z(i) = goal(i));
lirun = 25000*x(1)+15000*x(2);
endsubmodel
calc:
@for(level(i):num = i;@solve(myzmb);goal(i) = mobj;@write('第',num,'次运算:x(1) = ',x(1),',',
x(2) = ',x(2),',  lirun = ',lirun,',最优偏差值为',mobj,@newline(2)));
endcalc
end
```

单击求解按钮 可得到结果,部分数据如下所示:

第 1 次运算:$x(1) = 80, x(2) = 0, lirun = 2000000$,最优偏差值为 0;

第 2 次运算:$x(1) = 80, x(2) = 0, lirun = 2000000$,最优偏差值为 0;

第 3 次运算:$x(1) = 70, x(2) = 45, lirun = 2425000$,最优偏差值为 0;

第 4 次运算:$x(1) = 70, x(2) = 10, lirun = 1900000$,最优偏差值为 0.

Variable	Value	Reduced Cost
X(1)	70.00000	0.000000
X(2)	10.00000	0.000000
DPLUS(1)	0.000000	1.000000
DPLUS(2)	0.000000	0.000000
DPLUS(3)	0.000000	0.000000
DPLUS(4)	0.000000	0.000000
DPLUS(5)	0.000000	0.000000
DMINUS(1)	0.000000	0.000000
DMINUS(2)	10.00000	0.000000
DMINUS(3)	0.000000	0.000000
DMINUS(4)	35000.00	0.000000
DMINUS(5)	0.000000	0.000000

最终每周生产 A 产品 70000m,B 产品 10000m,利润为 1900000 元,工厂正常生产,没有加班和停产现象.

5.2 多目标规划

多目标规划研究多于一个目标函数在给定区域上的最优化,又称多目标最优化. 求解多目标规划的方法大体上有以下两种：一是化多为少的方法，即把多目标化为比较容易求解的单目标或双目标，如主要目标法、线性加权法、理想点法等；二是分层序列法，即把目标按其重要性给出一个序列，每次都在前一目标最优解集内求下一个目标最优解，直到求出共同的最优解；三是适当修正单纯形法；四是层次分析法，这是一种定性与定量相结合的多目标决策与分析方法，对于目标结构复杂且缺乏必要数据的情况更为实用．

5.2.1 多目标规划模型的一般形式

多目标优化问题一般可用以下数学模型描述，即

$$\min(\max) f_1(x),$$
$$\vdots$$
$$\min(\max) f_m(x),$$
$$\text{s.t.} \quad X \in S.$$

式中：$X \in \mathbf{R}^n$ 为决策向量；S 为可行解集合；$f_1(x), f_2(x), \cdots, f_m(x)$ 为目标函数，目标可以是求最大也可以是求最小．多目标优化模型用向量函数的形式可表示为

$$\min(\max) F(x),$$
$$\text{s.t.} \quad H(X) \leq G.$$

式中：$F(x)$ 为 m 维函数向量，m 为目标函数的个数；$H(X)$ 为 k 维函数向量；G 为 k 维常数向量；X 为 n 维决策向量．

对于线性多目标规划问题，可以表示成矩阵形式，即

$$\min(\max) AX$$
$$\text{s.t.} \quad BX \leq G.$$

式中：A 为 $m \times n$ 矩阵，m 为目标函数的个数；B 为 $k \times n$ 矩阵，k 为约束条件个数；G 为 k 维常数向量；X 为 n 维决策向量．

【例 5.4】 使用理想点法求解多目标规划

$$\begin{cases} \max z1 = 4x_1 + 4x_2, \\ \max z2 = x_1 + 6x_2, \end{cases}$$
$$\text{s.t.} \begin{cases} 3x_1 + 2x_2 \leq 12, \\ 2x_1 + 6x_2 \leq 22, \\ x_1 > 0, x_2 > 0. \end{cases}$$

解 (1) 求第一个目标的最优解

在 LINGO 18.0 运行窗口输入如下代码：

```
model:
sets:
row/1,2/:b;
col/1,2/:c1,x;
link(row,col):a;
endsets
data:
c1=4 4;
```

```
a=3 2 2 6;
b=12 22;
enddata
max=@sum(col:c1*x);
@for(row(i):@sum(col(j):a(i,j)*x(j))<=b(i));
end
```

单击求解按钮 ⊙ 可得到结果,部分数据如下:

Variable	Value	Reduced Cost
X(1)	2.000000	0.000000
X(2)	3.000000	0.000000
Row	Slack or Surplus	Dual Price
1	20.00000	1.000000

即:最优解为 x1=2,x2=3,目标值为 20.

(2) 求第二个目标的最优解

在 LINGO 18.0 运行窗口输入如下代码:

```
model:
sets:
row/1,2/:b;
col/1,2/:c2,x;
link(row,col):a;
endsets
data:
c2=1 6;
a=3 2 2 6;
b=12 22;
enddata
max=@sum(col:c2*x);
@for(row(i):@sum(col(j):a(i,j)*x(j))<=b(i));
end
```

单击求解按钮 ⊙ 可得到结果,部分数据如下:

Variable	Value	Reduced Cost
X(1)	0.000000	1.000000
X(2)	3.666667	0.000000
Row	Slack or Surplus	Dual Price
1	22.00000	1.000000
2	4.666667	0.000000
3	0.000000	1.000000

即:最优解为 x1=0,x2=3.67,目标值为 22.

取 $p=2$,利用理想点法构造评价函数 $L=[(4x_1+4x_2-20)^2+(x_1+6x_2-22)^2]^{\frac{1}{2}}$,令其最小,于是将多目标规划问题转化成非线性规划问题

$$\min L = [(4x_1+4x_2-20)^2+(x_1+6x_2-22)^2]^{\frac{1}{2}},$$

$$\text{s. t.} \begin{cases} 3x_1+2x_2 \leq 12, \\ 2x_1+6x_2 \leq 22, \\ x_1>0, x_2>0. \end{cases}$$

(3) 求上述非线性规划问题的最优解

在 LINGO 18.0 运行窗口输入如下代码：

```
model:
sets:
row/1,2/:b;
col/1,2/:c1,c2,x;
link(row,col):a;
endsets
data:
c1=4 4;
c2=1 6;
a=3 2 2 6;
b=12 22;
enddata
min=((z1-20)^2+(z2-22)^2)^(1/2);
z1=@sum(col:c1*x);
z2=@sum(col:c2*x);
@for(row(i):@sum(col(j):a(i,j)*x(j))<=b(i));
end
```

单击求解按钮 可得到结果，部分数据如下：

Variable	Value	Reduced Cost
Z1	19.34247	0.000000
Z2	20.24658	0.000000
X(1)	1.753425	0.000000
X(2)	3.082192	0.000000
Row	Slack or Surplus	Dual Price
1	1.872658	−1.000000
2	0.000000	0.3511235
3	0.000000	0.9363292
4	0.5753425	0.000000
5	0.000000	1.170411

求得最优解为 x1=1.75, x2=3.08, 此时，第一个目标的值为 19.34, 第二个目标的值为 20.24。

5.2.2 多目标规划模型应用

【例 5.5】 某新上生产线可生产 A、B 两种型号的医疗设备，由于原材料价格的不确定性，对产品在原材料价格不变动和原材料价格变动两种情况下的销售利润进行了预测．预期利润,生产单位产品(台)所需的设备台时及原材料消耗见表5.2所示．

表5.2 生产、利润数据表

	A	B	
设备台时/台	3	2	16
原材料1	4	0	16
原材料2	0	2	10
原材料价格不变的情况下的利润	4	6	
原材料价格变动的情况下的利润	7.2	3.6	

建立该问题的数学模型并进行求解．

解 第一步,确定决策变量．设A、B两种型号的口罩的产量分别为x_1, x_2．

第二步,确定约束条件．在这个问题中,约束条件是设备台时和原材料的限制．

设备台时限制:$3x_1+2x_2 \leq 16$;

原材料1限制:$4x_1 \leq 16$;

原材料2限制:$2x_2 \leq 10$．

第三步,确定目标函数．本问题的目标是使两个地区的利润最大,即

$$\max z1 = 4x_1+6x_2,$$
$$\max z2 = 7.2x_1+3.6x_2.$$

根据以上三步可知,该问题的线性规划模型如下．

建立数学模型为

$$\begin{cases} \max z1 = 4x_1+6x_2, \\ \max z2 = 7.2x_1+3.6x_2, \end{cases}$$

$$\text{s.t.} \begin{cases} 3x_1+2x_2 \leq 16, \\ x_1 \leq 4, \\ x_2 \leq 5, \\ x_1 > 0, x_2 > 0. \end{cases}$$

(1) 求第一个目标的最优解

在LINGO 18.0运行窗口输入如下代码:

max = 4 * x1+6 * x2;
3 * x1+2 * x2<=16;
x1<=4;
x2<=5;
x1>=0;x2>=0;

单击求解按钮 可得到结果,部分数据如下:

Variable	Value	Reduced Cost
X1	2.000000	0.000000
X2	5.000000	0.000000
Row	Slack or Surplus	Dual Price
1	38.00000	1.000000

即:最优解为 x1=2,x2=5,目标值为 38.

(2) 求第二个目标的最优解

在 LINGO 18.0 运行窗口输入如下代码:

max = 7.2 * x1+3.6 * x2;
3 * x1+2 * x2 <= 16;
x1 <= 4;
x2 <= 5;

x1 >= 0;x2 >= 0.

单击求解按钮 可得到结果,部分数据如下:

Variable	Value	Reduced Cost
X1	4.000000	0.000000
X2	2.000000	0.000000
Row	Slack or Surplus	Dual Price
1	36.00000	1.000000

即:最优解为 x1=4,x2=2,目标值为 36.

取权系数 $w_1 = w_2 = 0.5$,利用妥协约束法构造超目标函数 $z = 0.5(4x_1+6x_2) + 0.5(7.2x_1+3.6x_2)$,令其最大,增加妥协约束 $0.5(4x_1+6x_2-38) - 0.5(7.2x_1+3.6x_2-36) = 0$. 于是将多目标规划问题转化成线性规划问题

$$\max z = 5.6x_1 + 4.8x_2,$$

$$\text{s. t.} \begin{cases} -1.6x_1+1.2x_2=1, \\ 3x_1+2x_2 \leq 16, \\ x_1 \leq 4, \\ x_2 \leq 5, \\ x_1 > 0, x_2 > 0. \end{cases}$$

(3) 求上述线性规划问题的最优解

在 LINGO 18.0 运行窗口输入如下代码:

max = 5.6 * x1+4.8 * x2;
-1.6 * x1+1.2 * x2 = 1;
3 * x1+2 * x2 <= 16;
x1 <= 4;
x2 <= 5;
x1 >= 0;x2 >= 0;
z1 = 4 * x1+6 * x2;
z2 = 7.2 * x1+3.6 * x2;

单击求解按钮 可得到结果,部分数据如下:

Variable	Value	Reduced Cost
X1	2.529412	0.000000
X2	4.205882	0.000000
Z1	35.35294	0.000000
Z2	33.35294	0.000000

Row	Slack or Surplus	Dual Price
1	34.35294	1.000000

求得妥协解为 x1 = 2.53, x2 = 4.21, 此时,第一个目标的值为 35.35, 第二个目标的值为 33.35.

5.3 本章小结

本章介绍了 LINGO 目标规划模型. 5.1 节介绍了目标规划的一般模型和目标规划模型应用,并利用 LINGO 软件对问题进行了求解;5.2 节介绍了多目标规划模型的一般形式和多目标规划模型应用,并利用 LINGO 软件对问题进行了求解.

习 题 5

1. 求解目标规划

$$\min z = P_1(2d_1^+ + 3d_2^+) + P_2 d_4^- + P_3 d_3^+;$$

$$\text{s. t.} \begin{cases} x_1 + x_2 + d_1^- - d_1^+ = 10, \\ x_1 + d_2^- - d_2^+ = 4, \\ 5x_1 + 3x_2 + d_3^- - d_3^+ = 56, \\ x_1 + x_2 + d_4^- - d_4^+ = 12, \\ x_1, x_2 \geq 0; d_i^-, d_i^+ \geq 0, i = 1, 2, 3, 4. \end{cases}$$

2. 某生产线同时生产 A、B、C 三种型号的电子产品,生产三种产品的时间分别为 6h、8h、10h. 该生产线每月正常工作的时间是 200h;三种产品每件的售价分别为 500 元、650 元、800 元,每月的平均销量分别为 12 件、10 件、6 件. 该生产线的生产目标是:

(1) 利润定为每月 16000 元;

(2) 充分利用现有的生产能力;

(3) 加班的时间不超过 24h;

(4) 实际生产的数量不低于平均销量.

建立该问题的目标规划模型并进行求解.

3. 使用理想点法求解多目标规划

$$\begin{cases} \max z1 = -3x_1 + 2x_2, \\ \max z2 = 4x_1 + 3x_2, \end{cases}$$

$$\text{s. t.} \begin{cases} 2x_1 + 3x_2 \leq 18, \\ 2x_1 + x_2 \leq 10, \\ x_1 > 0, x_2 > 0. \end{cases}$$

4. 某工厂生产 A、B 两种新产品,基于区域消费的差异,对产品在不同地区的销售利润进行了预测. 预期利润,生产单位产品(吨)所需的设备台时及原材料消耗见表 5.3 所示.

表 5.3 生产、利润数据表

	A	B	
设备台时/台	1	1	7
原材料 1	4	0	20
原材料 2	0	2	10
地区 1 的利润/(元/件)	1	2	
地区 2 的利润/(元/件)	3	1	

建立该问题的数学模型并用妥协约束法进行求解.

习题 5 答案

1. 利用 LINGO 求解,在 LINGO 18.0 运行窗口输入如下代码:

```
model:
sets:
level/1..3/:z,goal;
variable/1,2/:x;
s_con_num/1..4/:g,dplus,dminus;
s_con(s_con_num,variable):c;
obj(level,s_con_num)/1 1,1 2,2 4,3 3/:wplus,wminus;
endsets
data:
goal=0;
g=10,4,56,12;
c=1,1,1,0,5,3,1,1;
wplus=2,3,0,1;
wminus=0,0,1,0;
enddata
submodel myzmb:
[mobj]min=z(num);
@for(level(i):z(i)=@sum(obj(i,j):wplus(i,j)*dplus(j)+wminus(i,j)*dminus(j)));
@for(s_con_num(i):@sum(variable(j):c(i,j)*x(j))+dminus(i)-dplus(i)=g(i));
@for(level(i)|i #lt# num:z(i)=goal(i));
endsubmodel
calc:
@for(level(i):num=i;@solve(myzmb);goal(i)=mobj;@write('第',num,'次运算:x(1)=',x(1),'
,x(2)=',x(2),',最优偏差值为',mobj,@newline(2)));
endcalc
end
```

单击求解按钮 可得到结果,部分数据如下:

第 1 次运算:x(1)=0,x(2)=10,最优偏差值为 0;

第 2 次运算:x(1)=0,x(2)=10,最优偏差值为 2;

第3次运算：x(1)=4,x(2)=6,最优偏差值为0.

Variable	Value	Reduced Cost
X(1)	4.000000	0.000000
X(2)	6.000000	0.000000
DPLUS(1)	0.000000	0.000000
DPLUS(2)	0.000000	0.000000
DPLUS(3)	0.000000	1.000000
DPLUS(4)	0.000000	0.000000
DMINUS(1)	0.000000	0.000000
DMINUS(2)	0.000000	0.000000
DMINUS(3)	18.00000	0.000000
DMINUS(4)	2.000000	0.000000

2. 目标规划模型为

$$\min z = P_1 d_1^- + P_2 d_2^- + P_3 d_3^+ + P_4 (d_4^- + d_5^- + d_6^-),$$

$$\text{s. t.} \begin{cases} 500x_1 + 650x_2 + 800x_3 + d_1^- - d_1^+ = 16000, \\ 6x_1 + 8x_2 + 10x_3 + d_2^- + d_2^+ = 200, \\ d_2^+ + d_3^- - d_3^+ = 24, \\ x_1 + d_4^- - d_4^+ = 12, \\ x_2 + d_5^- - d_5^+ = 10, \\ x_3 + d_6^- - d_6^+ = 6, \\ x_1 \geq 0, x_2 \geq 0, x_3 \geq 0, d_i^- \geq 0, d_i^+ \geq 0, i = 1, 2, \cdots, 6). \end{cases}$$

利用 LINGO 求解，在 LINGO 18.0 运行窗口输入如下代码：

```
model:
sets:
level/1..4/:z,goal;
variable/1..3/:x;
s_con_num/1..6/:g,dplus,dminus;
s_con(s_con_num,variable):c;
obj(level,s_con_num)/1 1,2 2,3 3,4 4,4 5,4 6/:wplus,wminus;
endsets
data:
goal=0;
g=16000,200,24,12,10,6;
c=500,650,800,6,8,10,0,0,0,1,0,0,0,1,0,0,0,1;
wplus=0,0,1,0,0,0;
wminus=1,1,0,1,1,1;
enddata
submodel myzmb:
[mobj]min=z(num);
@for(level(i):z(i)=@sum(obj(i,j):wplus(i,j)*dplus(j)+wminus(i,j)*dminus(j)));
```

```
@for(s_con_num(i):@sum(variable(j):c(i,j)*x(j))+dminus(i)-dplus(i)=g(i));
@for(level(i)|i #lt# num:z(i)=goal(i));
endsubmodel
calc:
@for(level(i):num=i;@solve(myzmb);goal(i)=mobj;@write('第',num,'次运算:x(1)=',x(1),',
x(2)=',x(2),',x(3)=',x(3),',最优偏差值为',mobj,@newline(2)));
endcalc
end
```

单击求解按钮 ◉ 可得到结果，部分数据如下：

第 1 次运算：x(1)= 32,x(2)= 0,x(3)= 0,最优偏差值为 0；

第 2 次运算：x(1)= 33.33333333333333,x(2)= 0,x(3)= 0,最优偏差值为 0；

第 3 次运算：x(1)= 33.33333333333333,x(2)= 0,x(3)= 0,最优偏差值为 0；

第 4 次运算：x(1)= 12,x(2)= 10,x(3)= 6,最优偏差值为 0.

Variable	Value	Reduced Cost
X(1)	12.00000	0.000000
X(2)	10.00000	0.000000
X(3)	6.000000	0.000000
DPLUS(1)	1300.000	0.000000
DPLUS(2)	12.00000	0.000000
DPLUS(3)	0.000000	0.000000
DPLUS(4)	0.000000	1.000000
DPLUS(5)	0.000000	1.000000
DPLUS(6)	0.000000	1.000000
DMINUS(1)	0.000000	0.000000
DMINUS(2)	0.000000	0.000000
DMINUS(3)	24.00000	0.000000
DMINUS(4)	0.000000	1.000000
DMINUS(5)	0.000000	1.000000
DMINUS(6)	0.000000	1.000000

最终生产 A 产品 12 件、B 产品 10 件、C 产品 6 件，利润超出 1300 元，即利润为 17300 元．

3.（1）求第一个目标的最优解

在 LINGO 18.0 运行窗口输入如下代码：

```
max=-3*x1+2*x2;
2*x1+3*x2<=18;
2*x1+x2<=10;
x1>=0;x2>=0;
```

单击求解按钮 ◉ 可得到结果，部分数据如下：

Variable	Value	Reduced Cost
X1	0.000000	4.333333
X2	6.000000	0.000000
Row	Slack or Surplus	Dual Price
1	12.00000	1.000000

2	0.000000	0.6666667
3	4.000000	0.000000
4	0.000000	0.000000
5	6.000000	0.000000

即：最优解为 $x_1=0, x_2=6$，目标值为 12.

(2) 求第二个目标的最优解

在 LINGO 18.0 运行窗口输入如下代码：

```
max=4*x1+3*x2;
2*x1+3*x2<=18;
2*x1+x2<=10;
x1>=0;x2>=0;
```

单击求解按钮可得到结果，部分数据如下：

Variable	Value	Reduced Cost
X1	3.000000	0.000000
X2	4.000000	0.000000

Row	Slack or Surplus	Dual Price
1	24.00000	1.000000
2	0.000000	0.5000000
3	0.000000	1.500000
4	3.000000	0.000000
5	4.000000	0.000000

即：最优解为 $x_1=3, x_2=4$，目标值为 24.

取 $p=2$，利用理想法构造评价函数 $L=[(-3x_1+2x_2-12)^2+(4x_1+3x_2-24)^2]^{\frac{1}{2}}$，令其最小. 于是将多目标规划问题转化成非线性规划问题

$$\min z=[(-3x_1+2x_2-12)^2+(4x_1+3x_2-24)^2]^{\frac{1}{2}},$$

$$\text{s.t.} \begin{cases} 2x_1+3x_2 \leqslant 18, \\ 2x_1+x_2 \leqslant 10, \\ x_1>0, x_2>0. \end{cases}$$

(3) 求上述非线性规划问题的最优解

在 LINGO 18.0 运行窗口输入如下代码：

```
min=((-3*x1+2*x2-12)^2+(4*x1+3*x2-24)^2)^(1/2);
2*x1+3*x2<=18;
2*x1+x2<=10;
x1>=0;x2>=0;
z1=-3*x1+2*x2;
z2=4*x1+3*x2;
```

单击求解按钮可得到结果，部分数据如下：

Variable	Value	Reduced Cost
X1	0.5268293	0.000000
X2	5.648780	0.000000

Z1	9.717073	0.000000
Z2	19.05366	0.000000
Row	Slack or Surplus	Dual Price
1	5.447756	-1.000000
2	0.000000	1.187332
3	3.297561	0.000000
4	0.5268293	0.000000
5	5.648780	0.000000
6	0.000000	0.000000
7	0.000000	0.000000

求得最优解为 $x1=0.53, x2=5.65$,第一个目标的值为 9.72,第二个目标的值为 19.05。

4. 建立数学模型为

$$\begin{cases} \max z1 = x_1 + 2x_2, \\ \max z2 = 3x_1 + x_2, \end{cases}$$

$$\text{s.t.} \begin{cases} x_1 + x_2 \leq 7, \\ x_1 \leq 5, \\ x_2 \leq 5, \\ x_1 > 0, x_2 > 0. \end{cases}$$

(1) 求第一个目标的最优解

在 LINGO 18.0 运行窗口输入如下代码：

max = x1 + 2 * x2;
x1 + x2 <= 7;
x1 <= 5;
x2 <= 5;
x1 >= 0; x2 >= 0;

单击求解按钮 可得到结果,部分数据如下：

Variable	Value	Reduced Cost
X1	2.000000	0.000000
X2	5.000000	0.000000
Row	Slack or Surplus	Dual Price
1	12.00000	1.000000

即:最优解为 $x1=2, x2=5$,目标值为 12。

(2) 求第二个目标的最优解

在 LINGO 18.0 运行窗口输入如下代码：

max = 3 * x1 + x2;
x1 + x2 <= 7;
x1 <= 5;
x2 <= 5;
x1 >= 0; x2 >= 0;

单击求解按钮 可得到结果,部分数据如下：

Variable	Value	Reduced Cost
X1	5.000000	0.000000
X2	2.000000	0.000000

Row	Slack or Surplus	Dual Price
1	17.00000	1.000000

即:最优解为 $x1=5, x2=2$,目标值为 17.

取权系数 $w_1=w_2=0.5$,利用妥协约束法构造超目标函数 $z=0.5(x_1+2x_2)+0.5(3x_1+x_2)$,令其最大,增加妥协约束 $0.5(x_1+2x_2-12)+0.5(3x_1+x_2-17)=0$. 于是将多目标规划问题转化成线性规划问题

$$\max z = 2x_1 + 1.5x_2,$$

$$\text{s.t.} \begin{cases} x_1 - 0.5x_2 = 2.5, \\ x_1 + x_2 \leq 7, \\ x_1 \leq 5, \\ x_2 \leq 5, \\ x_1 > 0, x_2 > 0. \end{cases}$$

(3) 求上述线性规划问题的最优解

在 LINGO 18.0 运行窗口输入如下代码:

max=2*x1+1.5*x2;
x1-0.5*x2=2.5;
x1+x2<=7;
x1<=5;
x2<=5;
x1>=0;x2>=0;

单击求解按钮 可得到结果,部分数据如下:

Variable	Value	Reduced Cost
X1	4.000000	0.000000
X2	3.000000	0.000000
Z1	10.00000	0.000000
Z2	15.00000	0.000000

Row	Slack or Surplus	Dual Price
1	12.50000	1.000000

求得妥协解为 $x1=4, x2=3$,此时,第一个目标的值为 10,第二个目标的值为 15.

第6章 LINGO 数学模型编程实例

本章概要
- LINGO 编程基本格式
- 最小二乘法的 LINGO 实现
- 层次分析法的 LINGO 实现
- 数学建模应用实例 LINGO 实现

6.1 LINGO 编程基本格式

LINGO 模型由4个段构成:①初始段(以"init:"开始,以"endinit"结束),初始段为 LINGO 提供的一个可选部分,可以没有;②集合段(以"sets:"开始,以"endsets"结束),一个 LINGO 模型可以没有集合段,也可以包含多个集合段,而且可以放在 LINGO 模型的任何地方,但必须先定义再使用,集合一般包含原始集合和派生集合;③数据段(data enddata),以"DATA:"开始,以"ENDDATA"结束,数据的参数可以直接给出,也可以用"?"实时给出,每次求解时 LINGO 会提示为参数输入一个值,数据的参数也可以给出一部分,其余由空格表示;④目标与约束段,这部分的作用是定义目标函数和约束条件等,不需要开始和结束标记.

LINGO 语言五大优点:
- LINGO 语言所建模型较简洁,语句不多.
- 模型易于扩展,因为@FOR、@SUM 等语句并没有指定循环或求和的上下限,如果在集合定义部分增加集合成员的个数,则循环或求和自然扩展,不需要改动目标函数和约束条件.
- 数据初始化部分与其他部分语句分开,对同一模型用不同数据来计算时,只需改动数据部分,其他语句不变.
- "集合"是 LINGO 有特色的概念,它把实际问题中的事物与数学变量及常量联系起来,是实际问题到数学量的抽象,它比 C 语言中的数组用途更为广泛.
- 使用了集合以及@FOR、@SUM 等集合操作函数以后可以用简洁的语句表达出常见的规划模型中的目标函数和约束条件,即使模型有大量决策变量和大量数据,组成模型的语句并不随之增加.

6.1.1 只有目标与约束段的程序

这样的程序比较简单,也比较常用,很容易看懂和学会.

【例6.1】 求解如下规划问题：

$$\max z = 2x_1 + 3x_2 + 4x_3,$$

$$\text{s.t.} \begin{cases} 1.5x_1 + 3x_2 + 5x_3 \leq 600, \\ 280x_1 + 250x_2 + 400x_3 \leq 60000, \\ x_1, x_2, x_3 \text{ 均等于 0 或均大于等于 80.} \end{cases}$$

LINGO 求解程序如下：

```
max=2*x1+3*x2+4*x3;
1.5*x1+3*x2+5*x3<=600;
280*x1+250*x2+400*x3<=60000;
(x1-80)*x1>=0;
(x2-80)*x2>=0;
(x3-80)*x3>=0;
```

这段程序只有目标与约束段．运行结果如图 6.1 所示．$x_1 = 80, x_2 = 150, x_3 = 0$，最优解为 611．

```
Local optimal solution found.
Objective value:                    611.2000
Infeasibilities:                    0.000000
Total solver iterations:                  25
Elapsed runtime seconds:                0.19

Model Class:                              QP

Total variables:            3
Nonlinear variables:        3
Integer variables:          0

Total constraints:          6
Nonlinear constraints:      3

Total nonzeros:            12
Nonlinear nonzeros:         3


              Variable           Value        Reduced Cost
                    X1        80.00000            0.000000
                    X2        150.4000            0.000000
                    X3        0.000000            0.8000000

                   Row    Slack or Surplus      Dual Price
                     1            611.2000        1.000000
                     2            28.80000        0.000000
                     3            0.000000      0.1200000E-01
                     4        0.1373837E-06     -0.1700000E-01
                     5            10588.16        0.000000
                     6            0.000000        0.000000
```

图 6.1 程序运行结果

【例6.2】 将数 33 分成 3 个数 x, y, z 之和，问 x, y, z 各等于多少时，函数 $u = x^2 + 2y^2 + 3z^2$ 取最小值．

LINGO 求解程序如下：

min=@sqr(x)+2*@sqr(y)+3*@sqr(z);! @sqr(x)平方函数,表示 x 的平方．

x+y+z=33;

@free(x);

@free(y);

@free(z);! LINGO 中默认所有变量都是非负的,这里 x,y,z 的取值可正可负.

这段程序只有目标与约束段. 运行结果如图 6.2 所示. $x=18,y=9,z=6$,最小值为 594.

```
Global optimal solution found.
Objective value:                  594.0000
Infeasibilities:                  0.000000
Total solver iterations:                 5
Elapsed runtime seconds:              0.06
Model is convex quadratic

Model Class:                            QP

Total variables:                         3
Nonlinear variables:                     3
Integer variables:                       0

Total constraints:                       2
Nonlinear constraints:                   1

Total nonzeros:                          6
Nonlinear nonzeros:                      3


              Variable       Value        Reduced Cost
                     X    18.00000            0.000000
                     Y    9.000000            0.000000
                     Z    6.000000            0.000000

                   Row  Slack or Surplus     Dual Price
                     1    594.0000           -1.000000
                     2    0.000000           -36.00000
```

图 6.2　程序运行结果

【例 6.3】　求函数 $z=xy$ 在适合附加条件 $x+y=1$ 下的极大值.

LINGO 求解程序如下:

max=x*y;

　　x+y=1;

@free(x);

@free(y);! LINGO 中默认所有变量都是非负的,这里 x,y 的取值可正可负.

这段程序只有目标与约束段. 运行结果如图 6.3 所示. $x=0.5,y=0.5$,极大值为 0.25.

【例 6.4】　在平面 xOy 上求一点,使它到 $x=0,y=0$ 及 $x+2y-16=0$ 三直线的距离平方之和最小.

LINGO 求解程序如下:

min=@sqr(x)+@sqr(y)+(@sqr(x+2*y-16))/5;

　　@free(x);

　　@free(y);! LINGO 中默认所有变量都是非负的,这里 x,y 的取值可正可负.

这段程序只有目标与约束段. 运行结果如图 6.4 所示. $x=1.6,y=3.2$.

```
Global optimal solution found.
Objective value:                    0.2500000
Infeasibilities:                    0.000000
Total solver iterations:            0
Elapsed runtime seconds:            0.05
Model is convex quadratic

Model Class:                        QP

Total variables:        2
Nonlinear variables:    2
Integer variables:      0

Total constraints:      2
Nonlinear constraints:  1

Total nonzeros:         4
Nonlinear nonzeros:     1


              Variable        Value          Reduced Cost
                  X         0.5000000         0.000000
                  Y         0.5000000         0.000000

              Row      Slack or Surplus      Dual Price
               1         0.2500000           1.000000
               2         0.000000            0.5000000
```

图 6.3　程序运行结果

```
Global optimal solution found.
Objective value:                    25.60000
Infeasibilities:                    0.000000
Total solver iterations:            0
Elapsed runtime seconds:            0.05
Model is convex quadratic

Model Class:                        QP

Total variables:        2
Nonlinear variables:    2
Integer variables:      0

Total constraints:      1
Nonlinear constraints:  1

Total nonzeros:         2
Nonlinear nonzeros:     3


              Variable        Value          Reduced Cost
                  X         1.600000          0.000000
                  Y         3.200000          0.000000

              Row      Slack or Surplus      Dual Price
               1         25.60000            -1.000000
```

图 6.4　程序运行结果

6.1.2 含有集合段和目标与约束段的程序

由于这样的程序加入了集合段,因此必须先了解集合段的定义. 定义集合也是编程比较常用的手段之一,必须看懂和学会. 集合段以"sets:"开始,以"endsets"结束. 集是 LINGO 建模语言的基础,是程序设计最强有力的基本构件. 借助于集,能够用一个单一的、长的、简明的复合公式表示一系列相似的约束,从而可以快速、方便地表达规模较大的模型.

【例 6.5】 快递公司在下一年度 1~4 月的 4 个月内拟租用仓库堆放物资. 各月所需仓库面积列于表 6.1. 仓库租借费用随合同期而定,期限越长,折扣越大,具体数字见表 6.2. 租借仓库的合同每月初都可办理,每份合同具体规定租用面积和期限. 因此该公司可根据需要,在任何一个月的月初办理租借合同. 每次办理时可签一份合同,也可签若干份租用面积和租借期限不同的合同,试确定该公司签订租借合同的最优决策,目的是使所付租借费用最小.

表 6.1 各月份所需仓库面积数据(单位:$100m^2$)

月份	1	2	3	4
所需仓库面积	15	10	20	12

表 6.2 合同期的租费数据(单位:元/$100m^2$)

合同租借期限	1 个月	2 个月	3 个月	4 个月
合同期内的租费	2800	4500	6000	7300

这里有两个关键词:租用仓库面积,租借费.

用变量 x_{ij} 表示快递公司在第 i 月初签订的租借期为 j 个月合同的仓库面积($i=1,2,3,4,j=1,2,3,4$). 因 5 月份起该公司不需要租借仓库,故 x_{24} 表示第 2 月初签订的租借期为 4 个月合同的仓库面积,故 $x_{24}=0$,同理 $x_{33},x_{34},x_{42},x_{43},x_{44}$ 均为零. 该公司希望总的租借费用为最小,故有如下线性规划模型:

$$\min z = 2800(x_{11}+x_{21}+x_{31}+x_{41}) + 4500(x_{12}+x_{22}+x_{32}) + 6000(x_{13}+x_{23}) + 7300 x_{14},$$

$$\text{s.t.} \begin{cases} x_{11}+x_{12}+x_{13}+x_{14} \geq 15, \\ x_{12}+x_{13}+x_{14}+x_{21}+x_{22}+x_{23} \geq 10, \\ x_{13}+x_{14}+x_{22}+x_{23}+x_{31}+x_{32} \geq 20, \\ x_{14}+x_{23}+x_{32}+x_{41} \geq 12, \\ x_{ij} \geq 0, i=1,2,3,4; j=1,2,3,4. \end{cases}$$

这个模型中的约束条件分别表示当月初签订的租借合同的面积加上该月前签订的未到期合同的租借面积总和,应不少于该月所需的仓库面积.

LINGO 求解程序如下:

```
model:
sets:
num/1..4/;
link(num,num):x;
```

```
endsets
min=2800*(x(1,1)+x(2,1)+x(3,1)+x(4,1))+4500*(x(1,2)+x(2,2)+x(3,2))+6000*(x
(1,3)+x(2,3))+7300*x(1,4);
x(1,1)+x(1,2)+x(1,3)+x(1,4)>15;
x(1,2)+x(1,3)+x(1,4)+x(2,1)+x(2,2)+x(2,3)>10;
x(1,3)+x(1,4)+x(2,2)+x(2,3)+x(3,1)+x(3,2)>20;
x(1,4)+x(2,3)+x(3,2)+x(4,1)>12;
end
```

模型程序以"model:"开始,以"end"结束.集合段以"sets:"开始,以"endsets"结束,为模型程序的一部分.代码"num/1..4/;"定义集合$\{1,2,3,4\}$,注意格式.代码"link(num,num):x;"定义一个派生集合,属性为 x,也就是定义集合$\{x_{ij}|i=1,2,3,4, j=1,2,3,4\}$.这段程序含有集合段和目标与约束段.运行结果如图 6.5 所示. $x_{11}=3$, $x_{31}=8$, $x_{14}=12$,其他决策变量取值均为零,最优值 $z=118400$.

```
Objective value:                          118400.0
Infeasibilities:                          0.000000
Total solver iterations:                         3
Elapsed runtime seconds:                      0.07

Model Class:                                    LP

Total variables:              16
Nonlinear variables:           0
Integer variables:             0

Total constraints:             5
Nonlinear constraints:         0

Total nonzeros:               30
Nonlinear nonzeros:            0

              Variable           Value        Reduced Cost
               X( 1, 1)       3.000000            0.000000
               X( 1, 2)       0.000000            1700.000
               X( 1, 3)       0.000000            400.0000
               X( 1, 4)      12.00000             0.000000
               X( 2, 1)       0.000000            2800.000
               X( 2, 2)       0.000000            1700.000
               X( 2, 3)       0.000000            1500.000
               X( 2, 4)       0.000000            0.000000
               X( 3, 1)       8.000000            0.000000
               X( 3, 2)       0.000000            0.000000
               X( 3, 3)       0.000000            0.000000
               X( 3, 4)       0.000000            0.000000
               X( 4, 1)       0.000000            1100.000
               X( 4, 2)       0.000000            0.000000
               X( 4, 3)       0.000000            0.000000
               X( 4, 4)       0.000000            0.000000
```

图 6.5 程序运行结果

我们注意到,此题的目标约束段非常麻烦.使用数据单独列出,再配合集合属性求和函数@sum 以及集合元素的循环函数@for,可以简化程序的编写.

集合循环函数是指对集合中的元素下标进行循环操作的函数,如刚才提到的@for 和@sum 等.一般用法如下:

集循环函数遍历整个集进行操作. 其语法为

@function(setname[(set_index_list)][|conditional_qualifier]:expression_list);

其中:function 是集合函数名,是 for,sum,min,max,prod 五种之一;setname 是集合名;set_index_list 是集合索引列表,不需使用索引时可以省略;conditional_qualifier 是用逻辑表达式描述的过滤条件,通常含有索引,无条件时可以省略;expression_list 是一个表达式,对 @for 函数,可以是一组表达式,其间用分号";"分隔.

五个集合循环函数的含义如下:

@for(集合元素的循环函数):对集合 setname 的每个元素独立地生成表达式,表达式由 expression_list 描述,通常是优化问题的约束.

@sum(集合属性的求和函数):返回集合 setname 上的表达式的和.

@max(集合属性的最大值函数):返回集合 setname 上的表达式的最大值.

@min(集合属性的最小值函数):返回集合 setname 上的表达式的最小值.

@prod(集合属性的乘积函数):返回集合 setname 上的表达式的乘积.

【例 6.6】 利用集合属性求和函数@sum 以及集合元素的循环函数@for 重新编写【例 6.5】的程序.

LINGO 求解程序如下:

model:
sets:
num/1..4/:c,d;
links(num,num):x;
endsets
data:
d = 15 10 20 12;
c = 2800 4500 6000 7300;
enddata
min = @sum(links(i,j)|i#le#5-j:c(j) * x(i,j));
@for(num(k):@sum(links(i,j)|i#le#k #and# j#ge#k+1-i#and#j#le#5-i:x(i,j))>d(k));
end

模型程序以"model:"开始,以"end"结束;集合段以"sets:"开始,以"endsets"结束,为模型程序的一部分;代码"num/1..4/:c,d;"定义集合$\{1,2,3,4\}$,集合属性为 c 和 d,相当于说 c 和 d 都有 4 个分量 1,2,3,4,注意格式;代码"links(num,num):x;"定义一个派生集合,由两个集合 num 派生而成,属性为 x,也就是定义集合$\{x_{ij}|i=1,2,3,4,j=1,2,3,4\}$;数据段以"data:"开始,以"enddata"结束,数据段之间的数据包含所需仓库面积 d 的取值和合同期内的租费 c 的取值,d 的取值为 15,10,20,12 共 4 个值,会替换掉先前的取值 1,2,3,4;d 的 4 个取值之间用英文逗号或者空格隔开;c 的取值同理.

目标与约束段这段的理解:

① min = @sum(links(i,j)|i#le#5-j:c(j) * x(i,j));

语句中 min 表示最小值,@sum 表示对集合属性求和,links(i,j)表示集合$\{x_{ij}|i=1,2,3,4,j=1,2,3,4\}$,i#le#5-j 表示 $i+j \leq 5$,是用逻辑表达式描述的过滤条件. c(j) * x(i,j)) 是一个表达式,与前面的@sum 结合起来相当于表达式

$2800*(x(1,1)+x(2,1)+x(3,1)+x(4,1))+4500*(x(1,2)+x(2,2)+x(3,2))+$
$6000*(x(1,3)+x(2,3))+7300*x(1,4);$

② @for(num(k):@sum(links(i,j)|i#le#k #and# j#ge#k+1-i#and#j#le#5-i:x(i,j))
>d(k));

语句中的@for 是 LINGO 提供的内部函数,它的作用是对某个集合的所有成员分别生成一个约束表达式,它有两个参数,两个参数之间用冒号分隔. 第一个参数是集合名,表示对该集合的所有成员生成对应的约束表达式,上述@for 的第一个参数为 num(k),它表示集合{1,2,3,4},共有 4 个成员,故应生成 4 个约束表达式;第二个参数@sum(links(i,j)|i#le#k #and# j#ge#k+1-i#and#j#le#5-i:x(i,j))>d(k)是约束表达式的具体内容,此处再调用@sum 函数,表示约束表达式的左边是求和,是对集合 links(i,j) 的 16 个成员求和,即对表达式 x(i,j) 中的 i,j 求和,亦即 $\sum_{i=1}^{4}\sum_{j=1}^{4}x_{ij}$,i#le#k 表示 $i\leq k$,#and#表示"与",j#ge#k+1-i 表示 $i+j\geq k+1$;j#le#5-i 表示 $i+j\leq 5$,约束表达式的右边 d(k) 是集合 num/1..4/:c,d 的属性 d,它有 4 个分量,与 4 个约束表达式一一对应. 即下列 4 个不等式:

x(1,1)+x(1,2)+x(1,3)+x(1,4)>15;
x(1,2)+x(1,3)+x(1,4)+x(2,1)+x(2,2)+x(2,3)>10;
x(1,3)+x(1,4)+x(2,2)+x(2,3)+x(3,1)+x(3,2)>20;
x(1,4)+x(2,3)+x(3,2)+x(4,1)>12.

程序含有集合段、数据段和目标与约束段. 运行结果与上题一样,如图 6.5 所示. $x_{11}=3$,$x_{31}=8$,$x_{14}=12$,其他决策变量取值均为零,最优值 $z=118400$.

6.1.3 含有集合段、数据段和目标与约束段的程序

由于这样的程序包含了集合段、数据段和目标与约束段,因此必须先了解集合段、数据段和目标与约束段的的定义.

【例 6.7】 某种商品 6 个仓库的存货量,8 个客户对该商品的需求量,单位商品运价见表 6.3 所示. 试确定 6 个仓库到 8 个客户的商品调运数量,使总的运输费用最小.

表 6.3 单位商品运价表

单位运价\客户 仓库	V1	V2	V3	V4	V5	V6	V7	V8	存货量
W1	6	2	6	7	4	2	5	9	60
W2	4	9	5	3	8	5	8	2	55
W3	5	2	1	9	7	4	3	3	51
w4	7	6	7	3	9	2	7	1	43
W5	2	3	9	5	7	2	6	5	41
W6	5	5	2	2	8	1	4	3	52
需求量	35	37	22	32	41	32	43	38	

设 $x_{ij}(i=1,2,\cdots 6;j=1,2,\cdots,8)$ 表示第 i 个仓库运到第 j 个客户的商品数量,c_{ij} 表示第 i 个仓库到第 j 个客户的单位运价,d_j 表示第 j 个客户的需求量,e_i 表示第 i 个仓库的

存货量,建立如下线性规划模型

$$\min \sum_{i=1}^{6}\sum_{j=1}^{8} c_{ij}x_{ij},$$

$$\text{s.t.} \begin{cases} \sum_{j=1}^{8} x_{ij} \leq e_i, & i=1,2,\cdots,6, \\ \sum_{i=1}^{6} x_{ij} = d_j, & j=1,2,\cdots,8, \\ x_{ij} \geq 0, & i=1,2,\cdots,6; j=1,2,\cdots,8. \end{cases}$$

LINGO 求解程序如下:

```
model:
sets:
    warehouses/1..6/: e;
    vendors/1..8/: d;
    links(warehouses,vendors): c,x;
endsets
data: ! 数据部分;
e= 60 55 51 43 41 52; ! 属性值;
d= 35 37 22 32 41 32 43 38; ! 需求量;
c= 6 2 6 7 4 2 5 9
4 9 5 3 8 5 8 2
5 2 1 9 7 4 3 3
7 6 7 3 9 2 7 1
2 3 9 5 7 2 6 5
5 5 2 2 8 1 4 3;
enddata
min=@sum(links(i,j): c(i,j)*x(i,j));  ! 目标函数;
@for(warehouses(i):@sum(vendors(j): x(i,j))<=e(i));  ! 约束条件;
@for(vendors(j):@sum(warehouses(i): x(i,j))=d(j));
end
```

线性规划模型中的目标函数表达式 $\min \sum_{i=1}^{6}\sum_{j=1}^{8} c_{ij}x_{ij}$ 用 LINGO 语句表示为

$$\min = @sum(links(i,j): c(i,j)*x(i,j));$$

式中:@sum 是 LINGO 提供的内部函数,其作用是对某个集合的所有成员,求指定表示式的和,该函数需要两个参数,第一个参数是集合名称,指定对该集合的所有成员求和;第二个参数是一个表达式,表示求和运算对该表达式进行,两个参数之间用冒号分隔.此处@sum 的第一个参数是 links(i,j),表示求和运算对派生集合 links 进行,该集合的维数是 2,共有 48 个成员,运算规则是:先对 48 个成员分别求表达式 c(i,j)*x(i,j)的值,然后求和,相当于求 $\sum_{i=1}^{6}\sum_{j=1}^{8} c_{ij}x_{ij}$,表达式中的 c 和 x 是集合 links 的两个属性,它们各有 48 个分量.注意,如果表达式中参与运算的属性属于同一个集合,则@sum 语句中索引(相当于矩阵或数组的下标)可以省略,假如表达式中参与运算的属性属于不同的集合,则不

能省略属性的索引. 目标函数中的属性 c 和 x 属于同一个集合, 因而可以表示成
$$\min = @sum(links:c*x);$$

约束条件 $\sum_{j=1}^{8} x_{ij} \leq e_i, i = 1, 2, \cdots, 6$ 实际上表示 6 个不等式, 用 LINGO 语言表示该约束条件, 语句为

@for(warehouses(i):@sum(vendors(j):x(i,j))<=e(i));

语句中的@for 是 LINGO 提供的内部函数, 它的作用是对某个集合的所有成员分别生成一个约束表达式, 它有两个参数, 两个参数之间用冒号分隔; 第一个参数是集合名, 表示对该集合的所有成员生成对应的约束表达式, 上述@for 的第一个参数为 warehouses, 表示仓库, 共有 6 个成员, 故应生成 6 个约束表达式; @for 的第二个参数是约束表达式的具体内容, 此处再调用@sum 函数, 表示约束表达式的左边是求和, 是对集合 vendors 的 8 个成员求和, 即对表达式 x(i,j) 中的第二维 j 求和, 亦即 $\sum_{j=1}^{8}$, 约束表达式的右边是集合 warehouses 的属性 e, 它有 6 个分量, 与 6 个约束表达式一一对应. 本语句中的属性分别属于不同的集合, 所以不能省略索引 i,j.

同样地, 约束条件 $\sum_{i=1}^{6} x_{ij} = d_j, j = 1, 2, \cdots, 8$ 用 LINGO 语句表示为

@for(vendors(j):@sum(warehouses(i):x(i,j))=d(j));

LINGO 模型以"model:"开始, 以语句"end"结束, 这两个语句单独成一行. 完整的模型由集合定义、数据段、目标函数和约束条件等部分组成, 这几个部分的先后次序无关紧要, 但集合使用之前必须先定义. 用鼠标单击工具栏上的"求解"按钮, 就可以求出上述模型的解. 计算结果表明: 目标函数值为 664, 最优运输方案见表 6.4.

表 6.4 最优运输方案

	V1	V2	V3	V4	V5	V6	V7	V8	合计
W1	0	19	0	0	41	0	0	0	60
W2	1	0	0	32	0	0	0	0	33
W3	0	11	0	0	0	0	40	0	51
w4	0	0	0	0	0	5	0	38	43
W5	34	7	0	0	0	0	0	0	41
W6	0	0	22	0	0	27	3	0	52
合计	35	37	22	32	41	32	43	38	

【例 6.8】 已知 $P = \begin{pmatrix} 1 \\ 1 \\ -1 \end{pmatrix}$ 是矩阵 $A = \begin{pmatrix} 2 & -1 & 2 \\ 5 & a & 3 \\ -1 & b & -2 \end{pmatrix}$ 的一个特征向量, 求参数 a, b 及特征向量 P 所对应的特征值.

设特征向量 P 所对应的特征值为 λ, 则 $AP = \lambda P$, 解矩阵方程 $AP = \lambda P$, 其中矩阵 A 中的参数 a, b 和特征值 λ 为未知数, 就可以求得所求问题的解. 利用 LINGO 软件可求得
$$a = -3, b = 0, \lambda = -1.$$

LINGO 求解程序如下：
```
model:
sets:
num/1..3/:p;
link(num,num):a;
endsets
data:
p=1 1 -1;
a=2 -1 2 5,,3 -1,,-2;! 两个逗号之间各有一个未知参数需要待定;
enddata
@for(num(i):@sum(num(j):a(i,j)*p(j))=lambda*p(i));
@free(lambda);! LINGO 中未知数默认的都是非负的,这里的特征值是可正可负的;
@for(link:@free(a));! 注意未知参数取值是可正可负的;
end
```
运行结果如图 6.6 所示.

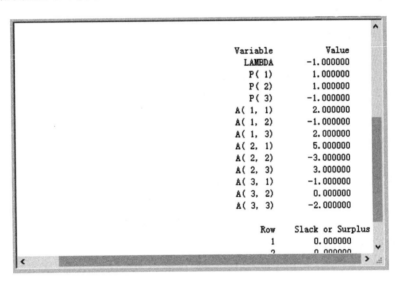

图 6.6　程序运行结果

6.2　最小二乘法的 LINGO 实现

最小二乘法是常用的参数估计方法,是一种在科学计算中广泛使用的方法. 最小二乘法有许多种,首先介绍曲线拟合的线性最小二乘法.

6.2.1　曲线拟合的线性最小二乘法

线性最小二乘法是解决曲线拟合最常用的方法. 给定平面上的 n 个点 (x_i, y_i), $i=1,2,\cdots,n$, 其中 x_i 互不相同, 寻求一个函数

$$f(x) = a_1 r_1(x) + a_2 r_2(x) + \cdots + a_m r_m(x),$$

式中:$r_k(x)$ 为事先选定的一组线性无关的函数;a_k 为待定系数 $(k=1,2,\cdots,m;m<n)$. 拟合参数 $a_k(k=1,2,\cdots,m)$ 的准则为最小二乘准则,即使 $y_i(i=1,2,\cdots,n)$ 与 $f(x_i)$ 的距离 δ_i 的平方和最小.

1. 系数 a_k 的确定

记

$$J(a_1, a_2, \cdots, a_m) = \sum_{i=1}^{n} \delta_i^2 = \sum_{i=1}^{n} [f(x_i) - y_i]^2. \tag{6.1}$$

为求 $a_1, a_2, \cdots, a_m$ 使 J 达到最小,只需利用极值的必要条件 $\frac{\partial J}{\partial a_j} = 0$ $(j=1,2,\cdots,m)$,得到关于 $a_1, a_2, \cdots, a_m$ 的线性方程组

$$\sum_{i=1}^{n} r_j(x_i) \left[\sum_{k=1}^{m} a_k r_k(x_i) - y_i \right] = 0, \quad j = 1, 2, \cdots, m,$$

即

$$\sum_{k=1}^{m} a_k \left[\sum_{i=1}^{n} r_j(x_i) r_k(x_i) \right] = \sum_{i=1}^{n} r_j(x_i) y_i, j = 1, 2, \cdots, m. \tag{6.2}$$

记

$$\boldsymbol{A} = \begin{bmatrix} r_1(x_1) & \cdots & r_m(x_1) \\ \vdots & & \vdots \\ r_1(x_n) & \cdots & r_m(x_n) \end{bmatrix}_{n \times m}, \quad \boldsymbol{x} = [a_1, \cdots, a_m]^{\mathrm{T}}, \boldsymbol{b} = [y_1, \cdots, y_n]^{\mathrm{T}},$$

式(6.2)可表为

$$\boldsymbol{A}^{\mathrm{T}} \boldsymbol{A} \boldsymbol{x} = \boldsymbol{A}^{\mathrm{T}} \boldsymbol{b} \tag{6.3}$$

当 $\{r_1(x), r_2(x), \cdots, r_m(x)\}$ 线性无关时,$\boldsymbol{A}$ 列满秩,$\boldsymbol{A}^{\mathrm{T}} \boldsymbol{A}$ 可逆,于是式(6.3)有唯一解,为

$$\boldsymbol{x} = (\boldsymbol{A}^{\mathrm{T}} \boldsymbol{A})^{-1} \boldsymbol{A}^{\mathrm{T}} \boldsymbol{b}. \tag{6.4}$$

2. 函数 $r_k(x)$ 的选取

面对一组数据 $(x_i, y_i), i=1,2,\cdots,n$,用线性最小二乘法作曲线拟合时,首要的也是关键的一步是恰当地选取 $r_1(x), r_2(x), \cdots, r_m(x)$. 如果通过机理分析,能够知道 y 与 x 之间应该有什么样的函数关系,则容易确定 $r_1(x), r_2(x), \cdots, r_m(x)$. 若无法知道 y 与 x 之间的关系,通常可以将数据 $(x_i, y_i), i=1,2,\cdots,n$ 作图,直观地判断应该用什么样的曲线去作拟合. 常用的曲线有:

① 直线 $y = a_1 x + a_2$.

② 多项式 $y = a_1 x^m + \cdots + a_m x + a_{m+1}$(一般 $m=2,3$,不宜太高).

③ 双曲线(一支) $y = \frac{a_1}{x} + a_2$.

④ 指数曲线 $y = a_1 e^{a_2 x}$.

对于指数曲线,拟合前需作变量代换,化为对 a_1, a_2 的线性函数.

已知一组数据,用什么样的曲线拟合最好,可以在直观判断的基础上,选几种曲线分别拟合,然后比较,看哪条曲线的最小二乘指标 J 最小.

3. 线性最小二乘法的 LINGO 实现

【例 6.9】 已知某地全年各月份的平均气温见表 6.5,使用拟合方法分析该地平均气温变化规律.

表 6.5 某地各月份的平均气温 （单位:℃）

月份	1	2	3	4	5	6	7	8	9	10	11	12
气温	3.1	3.8	6.9	12.7	16.8	20.5	24.5	25.9	22.0	16.1	10.7	5.4

将数据输入电子表格中,插入 xy 散点图,得到如图 6.7 所示的数据散点图. 通过观察数据的散点图,可以看到平均气温的变化符合二次函数的变化趋势. 下面用二次函数来拟合平均气温的变化规律. 用 x 表示月份, y 表示平均气温,设气温的变化规律为

$$y = p_1 x^2 + p_2 x + p_3,$$

式中: p_1, p_2, p_3 为要拟合的参数.

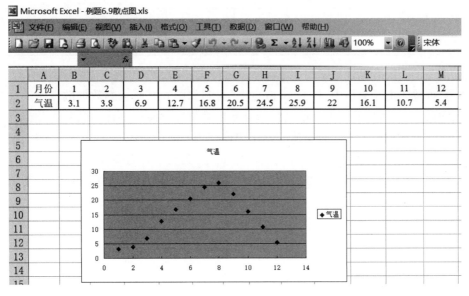

图 6.7 数据散点图

记表 6.3 中月份和气温的观测值分别用 $(x_i, y_i)(i=1,2,\cdots,12)$ 表示,用最小二乘法拟合参数 p_1, p_2, p_3,即求使得

$$\sum_{i=1}^{12}(p_1 x_i^2 + p_2 x_i + p_3 - y_i)^2$$

达到最小值的 p_1, p_2, p_3.

利用 LINGO 软件求得 $p_1 = -0.6369, p_2 = 9.0827, p_3 = -10.5046$.

LINGO 求解程序如下:

```
model:
sets:
num/1..12/:x0,y0;
para/1..3/:p;
endsets
```

```
data:
y0=3.1  3.8  6.9  12.7  16.8  20.5  24.5  25.9  22.0  16.1  10.7  5.4;
enddata
calc:
@for(num(i):x0(i)=i);
endcalc
min=@sum(num:(p(1)*x0^2+p(2)*x0+p(3)-y0)^2);
@for(para:@free(p));
end
```

【例 6.10】 为了测定刀具的磨损速度,进行如下实验:经过一段时间(如每隔一小时),测量一次刀具的厚度,得到一组实验数据见表 6.6 所示.

表 6.6 刀具的磨损速度实验数据

顺序编号	1	2	3	4	5	6	7	8
时间 t_i/h	1	2	3	4	5	6	7	8
刀具厚度 y_i/mm	27.0	26.8	26.5	26.3	26.1	25.7	25.3	24.8

试根据上表的实验数据建立 y 与 t 之间的经验公式 $y=f(t)$.

将数据输入电子表格中,插入 xy 散点图,得到如图 6.8 所示的数据散点图.通过观察数据的散点图,可以看到刀具的磨损速度实验数据变化符合一次函数的变化趋势.下面用一次函数来拟合刀具的磨损速度变化规律.用 t 表示横坐标,y 表示纵坐标,设刀具磨损速度的变化规律为 $y=f(t)=p_1t+p_2$,其中 p_1,p_2 为要拟合的参数.

记表 6.4 中时间和刀具厚度的观测值分别用 $(t_i,y_i)(i=1,2,\cdots,8)$ 表示,用最小二乘法拟合参数 p_1,p_2,即求使得

$$M = \sum_{i=1}^{8}(y_i - f(t_i))^2 = \sum_{i=1}^{8}(y_i - (p_1t_i+p_2))^2$$

达到最小值的 p_1,p_2.

利用 LINGO 软件求得 $p_1=-0.303$,$p_2=27.428$.

LINGO 求解程序如下:

```
model:
sets:
num/1..8/:t0,y0;
para/1,2/:p;
endsets
data:
y0=27.0  26.8  26.5  26.3  26.1  25.7  25.3  24.8;
enddata
calc:
@for(num(i):t0(i)=i);
endcalc
min=@sum(num:(p(1)*t0+p(2)-y0)^2);
@for(para:@free(p));
```

end

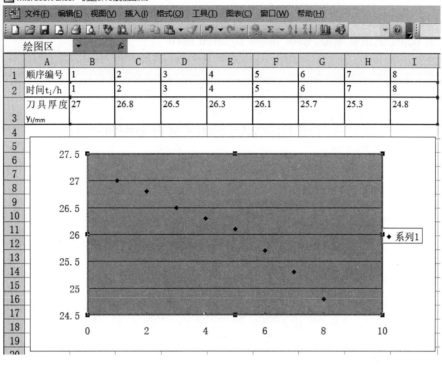

图 6.8　数据散点图

6.2.2　非线性最小二乘法

非线性拟合的最小二乘准则,也是求误差平方和的最小值问题. 例如,要拟合函数 $y=f(\theta,x)$,给定 x,y 的观测值 $(x_i,y_i)(i=1,2,\cdots,n)$,求参数(向量) θ,使得误差平方和最小,即

$$\min_{\theta} \sum_{i=1}^{n} (f(\theta,x_i) - y_i)^2.$$

求多元函数最小值问题有很多算法,这里就不介绍了. 下面直接使用 LINGO 软件求解. 在拟合和统计中经常使用如下 5 个检验参数.

1. SSE(误差平方和,The sum of squares due to error)

该统计参数计算的是预测数据和原始数据对应点的误差平方和,计算公式是

$$\text{SSE} = \sum_{i=1}^{n} (y_i - \hat{y}_i)^2.$$

式中: $y_i(i=1,2,\cdots,n)$ 是已知的原始数据的观测值; $\hat{y}_i$ 是对应的预测数据. SSE 越接近 0,说明模型选择和拟合效果越好,数据预测越成功. 下面的指标 MSE 和 RMSE 与指标 SSE 有关联,它们的检验效果是一样的.

2. MSE(方差,Mean squared error)

该统计参数是预测数据和原始数据对应点误差平方和的均值,也就是 SSE/$(n-m)$,这里 n 是观测数据的个数, m 是拟合参数的个数,计算公式是

$$MSE = SSE/(n-m) = \frac{1}{n-m}\sum_{i=1}^{n}(y_i - \hat{y}_i)^2.$$

式中：$n-m$ 也称为自由度，记作 $DFE=n-m$.

3. RMSE(剩余标准差，Root mean squared error)

该统计参数也称回归系统的拟合标准差，是 MSE 的平方根，计算公式是

$$RMSE = \sqrt{\frac{1}{n-m}\sum_{i=1}^{n}(y_i - \hat{y}_i)^2}.$$

4. R-square(判断系数，拟合优度，Coefficient of determination)

对总平方和 $SST = \sum_{i=1}^{n}(y_i - \bar{y})^2$ 进行分解，有

$$SST = SSE + SSR, \quad SSR = \sum_{i=1}^{n}(\hat{y}_i - \bar{y})^2.$$

式中：$\bar{y} = \frac{1}{n}\sum_{i=1}^{n}y_i$；SSE 为误差平方和，反映随机误差对 y 的影响；SSR 为回归平方和，反映自变量对 y 的影响.

判断系数定义为

$$R^2 = \frac{SSR}{SST} = \frac{SST-SSE}{SST} = 1 - \frac{SSE}{SST}.$$

5. 调整的判断系数

统计学家主张在回归建模时应采用尽可能少的自变量，不要盲目地追求判定系数 R^2 的提高．其实，当变量增加时，残差项的自由度就会减少．而自由度越小，数据的统计趋势就越不容易显现．为此，又定义一个调整判定系数

$$\bar{R}^2 = 1 - \frac{SSE/(n-m)}{SST/(n-1)}.$$

$\bar{R}^2$ 与 R^2 的关系是

$$\bar{R}^2 = 1 - (1-R^2)\frac{n-1}{n-m},$$

当 n 很大、m 很少时，$\bar{R}^2$ 与 R^2 之间的差别不是很大；但是，当 n 较少，而 m 又较大时，$\bar{R}^2$ 就会远小于 R^2.

【例 6.11】 2004 年全国大学生数学建模竞赛 C 题(酒后驾车)中给出某人在短时间内喝下两瓶啤酒后，间隔一定的时间 t(小时)测量他的血液中酒精含量 y(毫克/百毫升)，得到的数据见表 6.7 所示.

表 6.7 时间 t 与酒精含量 y 之间关系的测量数据

t	0.25	0.5	0.75	1	1.5	2	2.5	3	3.5	4	4.5	5
y	30	68	75	82	82	77	68	68	58	51	50	41
t	6	7	8	9	10	11	12	13	14	15	16	
y	38	35	28	25	18	15	12	10	7	7	4	

题目要求根据给定数据建立饮酒后血液中酒精浓度的数学模型．

通过建立微分方程模型得到喝酒后短时间内血液中酒精浓度与时间的关系为
$$y=c_1(e^{-c_2 t}-e^{-c_3 t}).$$

现根据测量数据,拟合参数 c_1,c_2,c_3. 记表 6.5 中 t,y 的观测值数据为 $(t_i,y_i)(i=1,2,\cdots,23)$,拟合参数 c_1,c_2,c_3 实际上是求使得
$$\sum_{i=1}^{23}\left[c_1(e^{-c_2 t_i}-e^{-c_3 t_i})-y_i\right]^2$$
达到最小值的 c_1,c_2,c_3,利用 LINGO 软件求得的拟合函数为 $y=114.4(e^{-0.1855t}-e^{-2.008t})$,该模型的拟合优度 $R^2=0.9857$,剩余标准差 RMSE $=3.3566$.

计算的 LINGO 程序如下:

```
model:
sets:
num/1..23/:t,y;
para/1..3/:c;
endsets
data:
t=0.25 0.5 0.75 1 1.5 2 2.5 3 3.5 4 4.5 5
6 7 8 9 10 11 12 13 14 15 16;
y=30 68 75 82 82 77 68 68 58 51 50 41
38 35 28 25 18 15 12 10 7 7 4;
enddata
submodel nihe:! 因为要做后续的检验计算,这里把拟合的优化问题定义为一个子模型;
[obj]min=@sum(num:(c(1)*(@exp(-c(2)*t)-@exp(-c(3)*t))-y)^2);
@for(para:@free(c));
endsubmodel
calc:
@solve(nihe);
SSE=obj;
MSE=obj/(@size(num)-@size(para));! 计算残差的方差;
RMSE=@sqrt(MSE);! 计算剩余标准差;
yb=@sum(num:y)/@size(num);! 计算样本均值;
SST=@sum(num:(y-yb)^2);! 计算总平方和;
SSR=SST-SSE;! 计算回归平方和;
RSquare=SSR/SST;! 求解拟合优度;
@solve();! LINGO 输出滞后,这里加一个求解主模型;
endcalc
end
```

【**例 6.12**】 利用表 6.8 给出的美国人口统计数据(以百万为单位),建立人口预测模型,最后用它预报 1931,1932,$\cdots$,1940 年美国的人口.

表 6.8 美国人口统计数据

年	1790	1800	1810	1820	1830	1840	1850	1860
人口	3.9	5.3	7.2	9.6	12.9	17.1	23.2	31.4

(续)

年	1870	1880	1890	1900	1910	1920	1930
人口	38.6	50.2	62.9	76.0	92.0	106.5	123.2

记 $x(t)$ 为第 t 年的人口数量,设人口年增长率 $r(x)$ 为 x 的线性函数, $r(x)=r-sx$. 自然资源与环境条件所能容纳的最大人口数为 x_M,即当 $x=x_M$ 时,增长率 $r(x_M)=0$,可得 $r(x)=r\left(1-\dfrac{x}{x_M}\right)$,建立 Logistic 人口模型

$$\begin{cases} \dfrac{\mathrm{d}x}{\mathrm{d}t}=r\left(1-\dfrac{x}{x_M}\right)x, \\ x(t_0)=x_0, \end{cases}$$

其解为

$$x(t)=\dfrac{x_M}{1+\left(\dfrac{x_M}{x_0}-1\right)\mathrm{e}^{-r(t-t_0)}}.$$

其中 $t_0=1790, x_0=3.9$.

记表 6.6 中的年代和人口数据为 $(t_i,x_i)(i=0,1,\cdots,14)$,使用最小二乘法,拟合参数 x_M,r 就是求使得

$$\sum_{i=1}^{14}(x(t_i)-x_i)^2$$

达到最小值的 x_M,r.

利用 LINGO 软件求得 $x_M=199.2333, r=0.0313$. 预测值的计算结果见表 6.9.

表 6.9 人口的预测值

t	1931	1932	1933	1934	1935	1936	1937	1938	1939	1940
x	124.0	125.5	126.9	128.4	129.8	131.2	132.6	134.0	135.4	136.7

计算的 LINGO 程序如下:

```
model:
sets:
num/1..14/:t,x;
yuce/1..10/:tt,xt;
endsets
data:
x=5.3  7.2  9.6  12.9  17.1  23.2  31.4  38.6  50.2  62.9  76.0  92.0  106.5
   123.2;
enddata
submodel nihe:
min=@sum(num:(xm/(1+(xm/3.9-1)*@exp(-r*(t-1790)))-x)^2);
endsubmodel
calc:
@for(num(i):t(i)=1790+10*i);
```

```
@solve(nihe);
@for(yuce(i):tt(i)=1930+i; xt(i)=xm/(1+(xm/3.9-1)*@exp(-r*(tt(i)-1790))));
@solve();   ! LINGO 输出滞后,这里加一个求解主模块;
endcalc
end
```

下面再给出一个拟合多元函数的例子.

【例 6.13】 根据表 6.10 中的数据拟合经验函数 $y=ae^{bx_1}+cx_2^2$.

表 6.10 x_1, x_2, y 的观测值

x_1	6	2	6	7	4	2	5	9
x_2	4	9	5	3	8	5	8	2
y	100	500	160	60	390	155	390	30

解 记表 6.8 中 x_1, x_2, y 的观测值分别为 $(x_{1i}, x_{2i}, y_i)(i=1,2,\cdots,8)$,用最小二乘法拟合参数 a, b, c,归结为求多元函数

$$\delta(a,b,c)=\sum_{i=1}^{8}(ae^{bx_{1i}}+cx_{2i}^2-y_i)^2$$

的最小值问题.

利用 LINGO 软件求得

$$y=4.4309e^{0.0145x_1}+6.0653x_2^2, \quad R^2=0.9998, \quad RMSE=3.2348.$$

计算的 LINGO 程序如下:

```
model:
sets:
num/1..8/:x1,x2,y;
endsets
data:
x1=6  2  6  7  4  2  5  9;
x2=4  9  5  3  8  5  8  2;
y=100  500  160  60  390  155  390  30;
enddata
submodel nihe:
[obj]min=@sum(num:(a*@exp(b*x1)+c*x2^2-y)^2);
@free(a); @free(b); @free(c);
endsubmodel
calc:
@solve(nihe);
SSE=obj;
MSE=obj/(@size(num)-3);  ! 计算残差的方差;
RMSE=@sqrt(MSE);  ! 计算剩余标准差;
yb=@sum(num:y)/@size(num);  ! 计算样本均值;
SST=@sum(num:(y-yb)^2);
SSR=SST-SSE;
```

```
RSquare=SSR/SST;
@solve( );!LINGO 输出滞后,这里加一个求解主模型;
endcalc
end
```

【例 6.14】 (飞机的精确定位问题)飞机在飞行过程中,能够收到地面上各个监控台发来的关于飞机当前位置的信息,根据这些信息可以比较精确地确定飞机的位置. VOR 是高频多向导航设备的英文缩写,它能够得到飞机与该设备连线的角度信息;DME 是距离测量装置的英文缩写,它能够得到飞机与该设备的距离信息. 已知 4 种设备 VOR1、VOR2、VOR3、DME 的 x,y 坐标(假设飞机和这些设备在同一平面上,以 km 为单位),这 4 种设备的测量数据见表 6.11,如何根据这些信息精确地确定当前飞机的位置.

表 6.11　飞机定位问题的数据

	x_i	y_i	测量数据 θ_i 或 d_i	测量误差限 σ_i
VOR1	746	1393	161.2° (2.81347rad)	0.8° (0.0140rad)
VOR2	629	375	45.1° (0.78714rad)	0.6° (0.0105rad)
VOR3	1571	259	309.0° (5.39307rad)	1.3° (0.0227rad)
DME	155	987	864.3km	2.0km

注意　以 y 轴正向为基准,顺时针方向夹角为正,而不考虑逆时针方向的夹角.

问题分析

记 4 种设备 VOR1、VOR2、VOR3、DME 的坐标为 (x_i,y_i), $i=1,2,3,4$;VOR1、VOR2、VOR3 测量得到的角度为 θ_i(按照航空飞行管理的惯例,该角度是从正北开始,沿顺时针方向的角度,取值在 $0°\sim360°$), $i=1,2,3$,角度的误差限为 σ_i, $i=1,2,3$;DME 测量得到的距离为 d_4,距离的误差限为 σ_4. 设飞机当前位置的坐标为 (x,y),则问题就是在表 6.9 给定的数据下计算 (x,y).

模型 1 及求解

表 6.9 中角度 θ_i 是 y 轴正向沿顺时针方向与点 (x_i,y_i) 到点 (x,y) 连线的夹角,于是角度 θ_i 的正切

$$\tan\theta_i = \frac{x-x_i}{y-y_i}, \quad i=1,2,3.$$

对 DME 测量得到的距离,显然有

$$d_4 = \sqrt{(x-x_4)^2+(y-y_4)^2}.$$

直接利用上面得到的 4 个等式确定飞机的坐标 x,y,这是一个求解超定非线性方程组的问题,在最小二乘准则下使计算值与测量值的误差平方和最小,则需要求解

$$\min J(x,y) = \sum_{i=1}^{3}\left(\frac{x-x_i}{y-y_i}-\tan\theta_i\right)^2 + \left[d_4-\sqrt{(x-x_4)^2+(y-y_4)^2}\right]^2.$$

上式是一个非线性最小二乘拟合问题,利用 LINGO 软件求得飞机坐标为 (980.6926, 731.5666),目标函数的最小值为 0.000705.

计算的 LINGO 程序如下：

```
model:
sets:
vor/1..3/:x,y,theta;
endsets
data:
x,y,theta = 746    1393   2.81347
            629    375    0.78714
            1571   259    5.39307;
x4, y4, d4 = 155    987    864.3;
enddata
min=@sum(vor:((xx-x)/(yy-y)-@tan(theta))^2)+(d4-@sqrt((xx-x4)^2+(yy-y4)^2))^2;
end
```

模型 2 及求解

注意这个问题中角度和距离的单位是不一致的，角度单位为弧度，距离单位为千米，因此将这 4 个误差平方和同等对待（相加）不是很合适．并且，4 种设备测量的精度（误差限）不同，而上面的方法根本没有考虑测量误差问题．如何利用测量设备的精度信息？这就看如何理解问题中给出的设备精度．

一种可能的理解是：设备的测量误差是均匀分布的．以 VOR1 为例，目前测得的角度为 161.2°，测量精度为 0.8°，所以实际的角度应该位于区间 [161.2°−0.8°, 161.2°+0.8°] 内．对其他设备也可以类似理解．由于 σ_i 很小，即测量精度很高，所以在相应区间内正切函数 tan 的单调性成立．于是可以得到一组不等式：

$$\tan(\theta_i-\sigma_i) \leq \frac{x-x_i}{y-y_i} \leq \tan(\theta_i+\sigma_i), \quad i=1,2,3.$$

$$d_4-\sigma_4 \leq \sqrt{(x-x_4)^2+(y-y_4)^2} \leq d_4+\sigma_4.$$

也就是说，飞机坐标应该位于上述不等式组成的区域内．例如，模型 1 中得到的目标函数值很小，显然满足测量精度要求，因此坐标 (980.6926, 731.5666) 肯定位于这个可行区域内．

由于这里假设设备的测量误差是均匀分布的，所以飞机坐标在这个区域内的每个点上的可能性应该也是一样的，最好给出这个区域的 x 和 y 坐标的最大值和最小值．于是分别以 min x，max x，min y，max y 为目标，以上面的区域限制条件为约束，求出 x 和 y 坐标的最大值和最小值．

利用 LINGO 软件，求得 x 取值范围为区间 [974.8424, 982.2129]，y 取值范围为区间 [717.1588, 733.1942]．因此，最后得到的解是一个比较大的矩形范围，为

$$[974.8424, 982.2129] \times [717.1588, 733.1942].$$

计算的 LINGO 程序如下：

```
model:
sets:
vor/1..3/:x,y,theta,sigma;
endsets
```

```
data:
x,y,theta,sigma = 746    1393    2.81347    0.0140
              629    375    0.78714    0.0105
              1571   259    5.39307    0.0227;
x4, y4, d4, sigma4 = 155    987    864.3    2.0;
enddata
submodel obj1:
min = xx;
endsubmodel
submodel obj2:
max = xx;
endsubmodel
submodel obj3:
min = yy;
endsubmodel
submodel obj4:
max = yy;
endsubmodel
submodel yueshu:
@for(VOR:(xx-x)/(yy-y)>@tan(theta-sigma);(xx-x)/(yy-y)<@tan(theta+sigma));
d4-sigma4<@sqrt((xx-x4)^2+(yy-y4)^2);@sqrt((xx-x4)^2+(yy-y4)^2)<d4+sigma4;
endsubmodel
calc:
@solve(obj1,yueshu); @solve(obj2,yueshu);
@solve(obj3,yueshu); @solve(obj4,yueshu);
endcalc
end
```

模型 3 及求解

模型 2 得到的只是一个很大的矩形区域,仍不能令人满意。实际上,模型 2 中假设设备的测量误差是均匀分布的,这是很不合理的。一般来说,在多次测量中,应该假设设备的测量误差是正态分布的,而且均值为 0。本例中给出的精度 σ_i 可以认为是测量误差的标准差(也可以是与标准差成比例的一个量,如标准差的 3 倍等)。

在这种理解下,用各自的误差限 σ_i 对测量误差进行无量纲化(也可以看成是一种加权法)处理是合理的,即求解如下的无约束优化问题更合理:

$$\min \tilde{J}(x,y) = \sum_{i=1}^{3} \left(\frac{\alpha_i - \theta_i}{\sigma_i}\right)^2 + \left(\frac{d_4 - \sqrt{(x-x_4)^2 + (y-y_4)^2}}{\sigma_4}\right)^2,$$

其中

$$\tan \alpha_i = \frac{x - x_i}{y - y_i}, i = 1, 2, 3.$$

上述问题也是一个非线性最小二乘拟合问题,利用 LINGO 软件求得飞机坐标为 (978.3118, 723.9972),目标函数的最小值为 0.66697。

这个误差为什么比模型1的大很多？这是因为模型1中使用的是绝对误差,而这里使用的是相对于精度 σ_i 的误差.对角度而言,分母 σ_i 很小,所以相对误差比绝对误差大,这是可以理解的.

计算的 LINGO 如下:

```
model:
sets:
vor/1..3/:x,y,theta,sigma,alpha;
endsets
data:
x,y,theta,sigma = 746    1393   2.81347   0.0140
                  629    375    0.78714   0.0105
                  1571   259    5.39307   0.0227;
x4,y4,d4,sigma4 = 155    987    864.3    2.0;
enddata
min = @sum(vor:((alpha-theta)/sigma)^2)+((d4-@sqrt((xx-x4)^2+(yy-y4)^2))/sigma4)^2;
@for(vor:@tan(alpha) = (xx-x)/(yy-y));
end
```

6.3 层次分析法的 LINGO 实现

层次分析法(Analytic Hierarchy Process,AHP)是美国运筹学家 T. L. Saaty(萨蒂)于20世纪70年代提出的一种系统分析方法.这种方法适用于结构较为复杂、决策准则较多而且不易量化的决策问题,其思路简单明了,尤其是紧密地和决策者的主观判断和推理联系起来,对决策者的推理过程进行量化的描述,可以避免决策者在结构复杂和方案较多时逻辑推理上的失误,这使得这种方法得到了广泛的应用.

6.3.1 层次分析法的基本内容与基本步骤

层次分析法的基本内容:首先根据问题的性质和要求,提出一个总的目标;然后将问题按层次分解,对同一层次内的诸因素通过两两比较的方法确定出相对于上一层目标的各自的权系数.这样层层分析下去,直到最后一层,即可给出所有因素(或方案)相对于总目标而言的按重要性(或偏好)程度的一个排序.

其解决问题的基本步骤如下:

第1步,分析系统中各因素之间的关系,建立系统的递阶层次结构,一般层次结构分为三层,第一层是目标层,第二层为准则层,第三层为方案层.

第2步,对于同一层次的各因素关于上一层中某一准则(目标)的重要程度进行两两比较,构造出两两比较的判断矩阵.

第3步,由比较判断矩阵计算被比较因素对每一准则的相对权重,并进行比较判断矩阵的一致性检验.

第4步,计算方案层对目标层的组合权重和组合一致性检验,并进行排序.

AHP 方法的具体步骤如下:

(1) 建立层次结构图

利用层次分析法研究问题时,首先要把与问题有关的各因素层次化,然后构造出一个树状结构的层次结构模型,称为层次结构图. 一般问题的层次结构图分为三层.

最高层为目标层(O):问题决策的目标或理想结果,只有一个元素.

中间层为准则层(C):包括为实现目标所涉及的中间环节各因素,每一因素为一准则,当准则多于9个时可分为若干个子层.

最低层为方案层(P):方案层是为实现目标而供选择的各种措施,即为决策方案. 一般来说,各层次之间的各因素,有的相关联,有的不一定相关联;各层次的因素个数也未必一定相同. 实际中,主要根据问题的性质和各相关因素的类别来确定.

(2) 构造比较判断矩阵

构造比较判断矩阵主要是通过比较同一层次上的各因素对上一层相关因素的影响作用,而不是把所有因素放在一起比较,即将同一层的各因素进行两两对比. 比较时采用相对尺度标准度量,尽可能地避免不同性质的因素之间相互比较. 同时,要尽量依据实际问题具体情况,减少由于决策人主观因素对结果造成的影响.

设要比较 n 个因素 $C_1, C_2, \cdots, C_n$ 对上一层(如目标层)O 的影响程度,即要确定它在 O 中所占的比重. 对任意两个因素 C_i 和 C_j,用 a_{ij} 表示 C_i 和 C_j 对 O 的影响程度之比,按 1~9 的比例标度来度量 $a_{ij}(i,j=1,2,\cdots,n)$. 于是,可得到两两成对比较判断矩阵 $A = (a_{ij})_{n \times n}$,显然

$$a_{ij} > 0, \quad a_{ji} = \frac{1}{a_{ij}}, \quad a_{ii} = 1, \quad i,j = 1,2,\cdots,n,$$

因此,比较判断矩阵又称为正互反矩阵.

关于如何确定 a_{ij} 的值,Saaty 等建议 a_{ij} 取 1~9 的 9 个等级,而 a_{ji} 取 a_{ij} 的倒数,具体见表 6.12 所示.

表 6.12 比例标度值

标度 a_{ij}	含义
1	C_i 与 C_j 的影响相同
3	C_i 比 C_j 的影响稍强
5	C_i 比 C_j 的影响强
7	C_i 比 C_j 的影响明显的强
9	C_i 比 C_j 的影响绝对的强
2,4,6,8	C_i 与 C_j 的影响之比在上述两个相邻等级之间
$\frac{1}{2}, \frac{1}{3}, \cdots, \frac{1}{9}$	C_j 与 C_i 的影响之比为上面 a_{ij} 的倒数

在特殊情况下,如果比较判断矩阵 A 的元素具有传递性,即满足

$$a_{ik} a_{kj} = a_{ij}, i,j,k = 1,2,\cdots,n,$$

则称 A 为一致性矩阵,简称为一致阵.

(3) 相对权重向量确定

设想把一大块石头 Z 分成 n 个小块 $c_1, c_2, \cdots, c_n$,其重量分别为 $w_1, w_2, \cdots, w_n$,则将

n 块小石头作两两比较,记 c_i, c_j 的相对重量为 $a_{ij} = \dfrac{w_i}{w_j} (i,j=1,2,\cdots,n)$,于是可得到比较判断矩阵

$$A = \begin{bmatrix} \dfrac{w_1}{w_1} & \dfrac{w_1}{w_2} & \cdots & \dfrac{w_1}{w_n} \\ \dfrac{w_2}{w_1} & \dfrac{w_2}{w_2} & \cdots & \dfrac{w_2}{w_n} \\ \vdots & \vdots & & \vdots \\ \dfrac{w_n}{w_1} & \dfrac{w_n}{w_2} & \cdots & \dfrac{w_n}{w_n} \end{bmatrix}.$$

显然,A 为一致性正互反矩阵,记 $\boldsymbol{w} = [w_1, w_2, \cdots, w_n]^T$,即为权重向量,且

$$A = \boldsymbol{w}\left[\dfrac{1}{w_1}, \dfrac{1}{w_2}, \cdots, \dfrac{1}{w_n}\right],$$

则

$$A\boldsymbol{w} = \boldsymbol{w}\left[\dfrac{1}{w_1}, \dfrac{1}{w_2}, \cdots, \dfrac{1}{w_n}\right]\boldsymbol{w} = n\boldsymbol{w}.$$

这表明 $\boldsymbol{w}$ 为矩阵 A 的特征向量,且 n 为特征值.

事实上,对于一般的比较判断矩阵 A,有 $A\boldsymbol{w} = \lambda_{\max}\boldsymbol{w}$,这里 $\lambda_{\max}$ 是 A 的最大特征值,$\boldsymbol{w}$ 为 $\lambda_{\max}$ 对应的特征向量.

将 $\boldsymbol{w}$ 作归一化后作为 A 的权重向量,这种方法称为特征值法.

(4) 一致性检验

通常情况下,由实际得到的比较判断矩阵不一定是一致的,即不一定满足传递性.实际中,也不必要求一致性绝对成立,但要求大体上是一致的,即不一致的程度应在容许的范围内.主要考察以下指标:

① 一致性指标 $CI = \dfrac{\lambda_{\max} - n}{n-1}$.

② 随机一致性指标 RI,通常由实验经验给定,见表 6.13 所示.

③ 一致性比率指标 $CR = \dfrac{CI}{RI}$,当 $CR < 0.10$ 时,认为比较判断矩阵的一致性是可以接受的,则 $\lambda_{\max}$ 对应的归一化特征向量可以作为决策的权重向量.

表 6.13 随机一致性指标

n	2	3	4	5	6	7	8	9	10	11	12	13	14	15
RI	0	0.58	0.90	1.12	1.24	1.32	1.41	1.45	1.49	1.51	1.54	1.56	1.58	1.59

(5) 计算组合权重和组合一致性检验

首先确定组合权重向量.设第 $k-1$ 层上 n_{k-1} 个元素对总目标(最高层)的权重向量为

$$\boldsymbol{w}^{(k-1)} = [w_1^{(k-1)}, w_2^{(k-1)}, \cdots, w_{n_{k-1}}^{(k-1)}]^T,$$

则第 k 层上 n_k 个元素对上一层($k-1$ 层)上第 j 个元素的权重向量为

$$\boldsymbol{p}_j^{(k-1)} = [p_{1j}^{(k)}, p_{2j}^{(k)}, \cdots, p_{n_kj}^{(k)}]^T, \quad j = 1, 2, \cdots, n_{k-1},$$

则矩阵

$$\boldsymbol{P}^{(k)} = [\boldsymbol{p}_1^{(k)}, \boldsymbol{p}_2^{(k)}, \cdots, \boldsymbol{p}_{n_{k-1}}^{(k)}]$$

是 $n_k \times n_{k-1}$ 矩阵, 表示第 k 层上的元素对第 $k-1$ 层各元素的权向量. 那么第 k 层上的元素对目标层(最高层)总决策权重向量为

$$\boldsymbol{w}^{(k)} = \boldsymbol{P}^{(k)} \boldsymbol{w}^{(k-1)} = [\boldsymbol{p}_1^{(k)}, \boldsymbol{p}_2^{(k)}, \cdots, \boldsymbol{p}_{n_{k-1}}^{(k)}] \boldsymbol{w}^{(k-1)} = [w_1^{(k)}, w_2^{(k)}, \cdots, w_{n_k}^{(k)}]^T,$$

或

$$w_i^{(k)} = \sum_{j=1}^{n_{k-1}} p_{ij}^{(k)} w_j^{(k-1)}, \quad i = 1, 2, \cdots, n_k.$$

对任意的 $k>2$ 有一般公式

$$\boldsymbol{w}^{(k)} = \boldsymbol{P}^{(k)} \boldsymbol{P}^{(k-1)} \cdots \boldsymbol{P}^{(3)} \boldsymbol{w}^{(2)},$$

式中: $\boldsymbol{w}^{(2)}$ 是第二层上各元素对目标层的总决策向量.

其次进行组合一致性检验. 设 k 层的一致性指标为 $\text{CI}_1^{(k)}, \text{CI}_2^{(k)}, \cdots, \text{CI}_{n_{k-1}}^{(k)}$, 随机一致性指标为 $\text{RI}_1^{(k)}, \text{RI}_2^{(k)}, \cdots, \text{RI}_{n_{k-1}}^{(k)}$, 则第 k 层对目标层(最高层)的组合一致性指标为

$$\text{CI}^{(k)} = [\text{CI}_1^{(k)}, \text{CI}_2^{(k)}, \cdots, \text{CI}_{n_{k-1}}^{(k)}] \boldsymbol{w}^{(k-1)}.$$

组合随机一致性指标为

$$\text{RI}^{(k)} = [\text{RI}_1^{(k)}, \text{RI}_2^{(k)}, \cdots, \text{RI}_{n_{k-1}}^{(k)}] \boldsymbol{w}^{(k-1)}.$$

组合一致性比率指标为

$$\text{CR}^{(k)} = \text{CR}^{(k-1)} + \frac{\text{CI}^{(k)}}{\text{RI}^{(k)}}, \quad k \geq 3.$$

当 $\text{CR}^{(k)} < 0.10$ 时, 认为整个层次的比较判断矩阵通过一致性检验.

(6) 综合排序

根据最后得到的组合权重向量 $\boldsymbol{w} = [w_1, w_2, \cdots, w_n]^T$, 按各元素取值的大小依次排序, 即可得到对应 n 个决策方案的优劣次序, 由此可以选择最优的决策方案. 而且每个权值对应于相应方案的重要性的评价程度, 所以权值的大小说明了方案的优劣程度.

6.3.2 层次分析法实例

【例 6.15】 在层次分析法中, 对某 4 个因素的重要性进行两两比较, 得到的比较判断矩阵为

$$A = \begin{bmatrix} 1 & \frac{1}{2} & \frac{1}{3} & \frac{1}{5} \\ 2 & 1 & \frac{1}{2} & \frac{1}{3} \\ 3 & 2 & 1 & \frac{1}{2} \\ 5 & 3 & 2 & 1 \end{bmatrix}$$

求该 4 个因素的权重.

解 利用 LINGO 软件, 求得矩阵 A 的最大特征值为 $\lambda_{\max} = 4.0145$, 求得的权重向量为

$$w = [0.0882, 0.1570, 0.2720, 0.4829]^{\mathrm{T}}.$$

一致性检验指标为 $\mathrm{CI} = \dfrac{4.0145-4}{3} = 0.0048$, $\mathrm{RI} = 0.90$, $\mathrm{CR} = \dfrac{\mathrm{CI}}{\mathrm{RI}} = 0.0054 < 0.1$,即通过一致性检验.

计算的 LINGO 程序如下：

```
model:
sets:
num/1..4/:w;
link(num,num):a;
endsets
data:
a = 1 0.5 0.333333 0.2
    2 1 0.5 0.333333
    3 2 1 0.5
    5 3 2 1;
enddata
max = lambda;
@for(num(i):@sum(num(j):a(i,j)*w(j)) = lambda*w(i));
@sum(num:w) = 1;
CI = (lambda-4)/3; CR = CI/0.9;
End
```

运行结果如图 6.9 所示.

```
Objective value:                    4.014520
Infeasibilities:                    0.000000
Total solver iterations:                  13
Elapsed runtime seconds:                0.16
Model Class:                              QP

Total variables:                     7
Nonlinear variables:                 5
Integer variables:                   0
Total constraints:                   8
Nonlinear constraints:               4
Total nonzeros:                     29
Nonlinear nonzeros:                  4

             Variable           Value        Reduced Cost
               LAMBDA        4.014520            0.000000
                   CI      0.4840148E-02         0.000000
                   CR      0.5377943E-02         0.000000
                 W( 1)     0.8815004E-01         0.000000
                 W( 2)        0.1569898         0.000000
                 W( 3)        0.2719745         0.000000
                 W( 4)        0.4828856         0.000000
                A( 1, 1)     1.000000            0.000000
                A( 1, 2)     0.5000000           0.000000
                A( 1, 3)     0.3333330           0.000000
                A( 1, 4)     0.2000000           0.000000
                A( 2, 1)     2.000000            0.000000
                A( 2, 2)     1.000000            0.000000
                A( 2, 3)     0.5000000           0.000000
                A( 2, 4)     0.3333330           0.000000
                A( 3, 1)     3.000000            0.000000
                A( 3, 2)     2.000000            0.000000
                A( 3, 3)     1.000000            0.000000
                A( 3, 4)     0.5000000           0.000000
                A( 4, 1)     5.000000            0.000000
                A( 4, 2)     3.000000            0.000000
                A( 4, 3)     2.000000            0.000000
                A( 4, 4)     1.000000            0.000000
```

图 6.9 运行结果示意

【例 6.16】 某单位拟从 3 名干部中选拔 1 人担任领导职务，选拔的标准有健康状况、业务知识、写作能力、口才、政策水平和工作作风．把这 6 个标准进行成对比较后，得到判断矩阵 A 如下：

$$A = \begin{matrix} 健康状况 \\ 业务知识 \\ 写作能力 \\ 口才 \\ 政策水平 \\ 工作作风 \end{matrix} \begin{bmatrix} 1 & 1 & 1 & 4 & 1 & 1/2 \\ 1 & 1 & 2 & 4 & 1 & 1/2 \\ 1 & 1/2 & 1 & 5 & 3 & 1/2 \\ 1/4 & 1/4 & 1/5 & 1 & 1/3 & 1/3 \\ 1 & 1 & 1/3 & 3 & 1 & 1 \\ 2 & 2 & 2 & 3 & 1 & 1 \end{bmatrix}.$$

矩阵 A 表明，这个单位选拔干部时最重视工作作风，而最不重视口才．A 的最大特征值为 6.4203，相应的特征向量为

$$B_1 = [0.1584 \quad 0.1892 \quad 0.1980 \quad 0.0483 \quad 0.1502 \quad 0.2558]^T.$$

用 Ⅰ、Ⅱ、Ⅲ 表示 3 个干部，假设成对比较的结果为

健康情况
$$\begin{matrix} & Ⅰ & Ⅱ & Ⅲ \\ Ⅰ & 1 & 1/4 & 1/2 \\ Ⅱ & 4 & 1 & 2 \\ Ⅲ & 2 & 1/2 & 1 \end{matrix}$$

业务知识
$$\begin{matrix} & Ⅰ & Ⅱ & Ⅲ \\ Ⅰ & 1 & 1/4 & 1/5 \\ Ⅱ & 4 & 1 & 1/2 \\ Ⅲ & 5 & 2 & 1 \end{matrix}$$

写作能力
$$\begin{matrix} & Ⅰ & Ⅱ & Ⅲ \\ Ⅰ & 1 & 3 & 1/3 \\ Ⅱ & 1/3 & 1 & 1/9 \\ Ⅲ & 3 & 9 & 1 \end{matrix}$$

口才
$$\begin{matrix} & Ⅰ & Ⅱ & Ⅲ \\ Ⅰ & 1 & 1/4 & 1/2 \\ Ⅱ & 4 & 1 & 3 \\ Ⅲ & 2 & 1/3 & 1 \end{matrix}$$

政策水平
$$\begin{matrix} & Ⅰ & Ⅱ & Ⅲ \\ Ⅰ & 1 & 1/4 & 1/5 \\ Ⅱ & 4 & 1 & 1/2 \\ Ⅲ & 5 & 2 & 1 \end{matrix}$$

工作水平
$$\begin{matrix} & Ⅰ & Ⅱ & Ⅲ \\ Ⅰ & 1 & 4 & 9 \\ Ⅱ & 1/4 & 1 & 2 \\ Ⅲ & 1/9 & 1/2 & 1 \end{matrix}$$

由此可求得各属性的最大特征值见表 6.14．把对应的特征向量，按列组成矩阵 B_2．

表 6.14 各属性的最大特征值

属 性	健康水平	业务知识	写作能力	口 才	政策水平	工作作风
最大特征值	3	3.0246	2.9999	3.0650	3.0002	3.0015

$$B_2 = \begin{bmatrix} 0.1429 & 0.0974 & 0.2308 & 0.2790 & 0.4667 & 0.7375 \\ 0.5714 & 0.3331 & 0.0769 & 0.6491 & 0.4667 & 0.1773 \\ 0.2857 & 0.5695 & 0.6923 & 0.0719 & 0.0667 & 0.0852 \end{bmatrix}.$$

从而，得各对象的评价值

$$B_3 = B_2 B_1 = [0.3590 \quad 0.3156 \quad 0.3254]^T.$$

即在 3 人中应选拔 Ⅰ 担任领导职务．

计算的 LINGO 程序如下：

```
model:
sets:
num1/1..6/:x,B1,lambda,CI,CR; !x为特征向量,lambda的每个分量是3阶矩阵的特征值;
link1(num1,num1):a; !a为比较判断矩阵;
```

num2/1..3/:y,B3;　!y 表示一般 3 阶矩阵的特征向量,B3 是最后求得 3 个人的综合指标值;
link2(num2,num2):b;　!b 为 3 阶矩阵,用于传递数据;
num3/1..9/;
link3(num1,num3):bd;　!所有 3 阶矩阵的数据;
link4(num2,num1):B2;　!每一列是一个 3 阶矩阵的特征向量;
endsets
data:
a= 1.0000　　1.0000　　1.0000　　4.0000　　1.0000　　0.5000
　　1.0000　　1.0000　　2.0000　　4.0000　　1.0000　　0.5000
　　1.0000　　0.5000　　1.0000　　5.0000　　3.0000　　0.5000
　　0.2500　　0.2500　　0.2000　　1.0000　　0.3333　　0.3333
　　1.0000　　1.0000　　0.3333　　3.0000　　1.0000　　1.0000
　　2.0000　　2.0000　　2.0000　　3.0000　　1.0000　　1.0000;
bd= 1.0000　0.2500　0.5000　4.0000　1.0000　2.0000　2.0000　0.5000
　　1.0000
1.0000　0.2500　0.2000　4.0000　1.0000　0.5000　5.0000　2.0000
　　1.0000
1.0000　3.0000　0.3333　0.3333　1.0000　0.1111　3.0000　9.0000
　　1.0000
1.0000　0.3333　5.0000　3.0000　1.0000　7.0000　0.2000　0.1429
　　1.0000
1.0000　1.0000　7.0000　1.0000　1.0000　7.0000　0.1429　0.1429
　　1.0000
1.0000　4.0000　9.0000　0.2500　1.0000　2.0000　0.1111　0.5000
　　1.0000;
!bd 的每一行是一个 3 阶方阵的数据;
@ole(Ldata915.xlsx,A1:F1)= B1;
@ole(Ldata915.xlsx,A3:F3)= lambda;
@ole(Ldata915.xlsx,A5:F7)= B2;
@ole(Ldata915.xlsx,A9:C9)= B3;
enddata
submodel mylevel1:
max= lambda1;
@for(num1(i):@sum(num1(j):a(i,j)*x(j))= lambda1*x(i));
@sum(num1:x)= 1;
CI1=(lambda1−6)/5;　CR1= CI1/1.24;
endsubmodel
submodel mylevel2:
max= lambda2;
@for(num2(i):@sum(num2(j):b(i,j)*y(j))= lambda2*y(i));
@sum(num2:y)= 1;
endsubmodel
calc:

@solve(mylevel1); @for(num1:B1 = x); !必须把 x 赋值给 B1,才能正确输出;
@for(num1(k):@for(link2(i,j):b(i,j) = bd(k,3*(i-1)+j))); @solve(mylevel2); lambda(k) = lambda2;
@for(num2(i):B2(i,k) = y(i)); CI(k) = (lambda2-3)/2; CR(k) = CI(k)/0.58;
@for(num2(i):B3(i) = @sum(num1(j):B2(i,j) * B1(j)));
TCI = @sum(num1:@abs(CI) * x); !求总的一致性指标;
TCR = TCI/0.58;
@solve( ); !LINGO 输出滞后,必须再求一次主模型;
endcalc
end

运行结果如图 6.10 所示.

```
Solution is locally infeasible
Infeasibilities:                        1.000000
Total solver iterations:                      16
Elapsed runtime seconds:                   18.21
Model Class:                                  QP

Total variables:            42
Nonlinear variables:         7
Integer variables:           0
Total constraints:          10
Nonlinear constraints:       6
Total nonzeros:             53
Nonlinear nonzeros:          6

         Variable         Value        Reduced Cost
          LAMBDA1       6.000000          -1.000000
              CI1       0.000000           0.000000
              CR1       0.000000           0.000000
          LAMBDA2       0.000000           0.000000
              TCI       0.000000           0.000000
              TCR       0.000000           0.000000
             X( 1)      0.000000           0.000000
             X( 2)      0.000000           0.000000
             X( 3)      0.000000           0.000000
             X( 4)      0.000000           0.000000
             X( 5)      0.000000           0.000000
             X( 6)      0.000000           0.000000
            B1( 1)      0.000000           0.000000
            B1( 2)      0.000000           0.000000
            B1( 3)      0.000000           0.000000
            B1( 4)      0.000000           0.000000
            B1( 5)      0.000000           0.000000
            B1( 6)      0.000000           0.000000
```

图 6.10 运行结果示意

【例 6.17】 某工厂在扩大企业自主权后,厂领导正在考虑如何合理地使用企业留成的利润. 在决策时需要考虑的因素主要有:

① 调动职工劳动生产积极性;
② 提高职工文化水平;
③ 改善职工物质文化生活状况.

请你对这些因素的重要性进行排序,以供厂领导参考.

分析和试探求解:

这个问题涉及多个因素的综合比较. 由于不存在定量的指标,单凭个人的主观判断虽然可以比较两个因素的相对优劣,但往往很难给出一个比较客观的多因素优劣次序. 为了解决这个问题,首先找出所有两两比较的结果,并且把它们定量化;然后再运用适当的数学方法从所有两两相对比较的结果之中求出多因素综合比较的结果．具体操作过程如下：

（1）进行两两相对比较，并把比较的结果定量化

首先把各个因素标记为

B_1：调动职工劳动生产积极性；

B_2：提高职工文化水平；

B_3：改善职工物质文化生活状况．

根据心理学的研究，在进行定性的成对比较时，人们头脑中通常有 5 种明显的等级：相同、稍强、强、明显强、绝对强．因此可以按照表 6.15 所列的尺度来定量化．

表 6.15　比例标度值

定 性 结 果	定 量 结 果
B_i 与 B_j 的影响相同	$B_i : B_j = 1:1$
B_i 比 B_j 的影响稍强	$B_i : B_j = 3:1$
B_i 比 B_j 的影响强	$B_i : B_j = 5:1$
B_i 比 B_j 的影响明显强	$B_i : B_j = 7:1$
B_i 比 B_j 的影响绝对强	$B_i : B_j = 9:1$
B_i 与 B_j 的影响在上述两个等级之间	$B_i : B_j = 2,4,6,8:1$
B_i 与 B_j 的影响和上述情况相反	$B_i : B_j = 1:2,3,\cdots,9$

假定各因素重要性之间的相对关系：B_2 比 B_1 的影响强，B_3 比 B_1 的影响稍强，B_2 比 B_3 的影响稍强，则两两相对比较的定量结果如下：为了便于数学处理，通常结果写成如下矩阵形式，称为成对比较矩阵．

$$\begin{array}{c} \begin{array}{ccc} B_1 & B_2 & B_3 \end{array} \\ \begin{array}{c} B_1 \\ B_2 \\ B_3 \end{array} \begin{pmatrix} 1 & 1/5 & 1/3 \\ 5 & 1 & 3 \\ 3 & 1/3 & 1 \end{pmatrix} \end{array} \tag{6.1}$$

（2）综合排序

为了进行合理的综合排序，把各因素的重要性与物体的重量进行类比．设有 n 件物体 $A_1, A_2, \cdots, A_n$，它们的重量分别为 $w_1, w_2, \cdots, w_n$．若将它们两两相互比较重量，其比值（相对重量）可构成一个 $n \times n$ 成对比较矩阵：

$$A = \begin{pmatrix} a_{11} & a_{12} & \cdots & a_{1n} \\ a_{21} & a_{22} & \cdots & a_{2n} \\ \vdots & \vdots & & \vdots \\ a_{n1} & a_{n2} & \cdots & a_{nn} \end{pmatrix} = \begin{pmatrix} w_1/w_1 & w_1/w_2 & \cdots & w_1/w_n \\ w_2/w_1 & w_2/w_2 & \cdots & w_2/w_n \\ \vdots & \vdots & & \vdots \\ w_n/w_1 & w_n/w_2 & \cdots & w_n/w_n \end{pmatrix} \tag{6.2}$$

经过仔细观察，发现成对比较矩阵的各行之和恰好与重量向量 $W = (w_1, w_2, \cdots, w_n)^{\mathrm{T}}$ 成正比，即

$$\begin{pmatrix} w_1 \\ w_2 \\ \vdots \\ w_n \end{pmatrix} \propto \sum_{j=1}^{n} \begin{pmatrix} a_{1j} \\ a_{2j} \\ \vdots \\ a_{nj} \end{pmatrix} \tag{6.3}$$

根据类比性,我们猜想因素的重要性向量与式(6.1)所示的成对比较矩阵之间也有同样的关系存在. 由此,我们可以得到因素的重要性向量为

$$w = \begin{pmatrix} w_1 \\ w_2 \\ w_3 \end{pmatrix} \propto \begin{pmatrix} 1 \\ 5 \\ 3 \end{pmatrix} + \begin{pmatrix} 1/5 \\ 1 \\ 1/3 \end{pmatrix} + \begin{pmatrix} 1/3 \\ 3 \\ 1 \end{pmatrix} = \begin{pmatrix} 23/15 \\ 9 \\ 13/3 \end{pmatrix} \tag{6.4}$$

为使用方便,可以适当地选择比例因子,使得各因素重要性的数值之和为 1(这个过程称为归一化,归一化后因素重要性的数值称为权重,重要性向量称为权重向量),这样就得到一个权重向量

$$w = \begin{pmatrix} w_1 \\ w_2 \\ w_3 \end{pmatrix} = \begin{pmatrix} 0.103 \\ 0.606 \\ 0.291 \end{pmatrix} \tag{6.5}$$

上式中元素的权重大小给出了各因素重要性的综合排序. 对式(6.2)的进一步分析还可以发现

$$Aw = \begin{pmatrix} a_{11} & a_{12} & \cdots & a_{1n} \\ a_{21} & a_{22} & \cdots & a_{2n} \\ \vdots & \vdots & & \vdots \\ a_{n1} & a_{n2} & \cdots & a_{nn} \end{pmatrix} \begin{pmatrix} w_1 \\ w_2 \\ \vdots \\ w_n \end{pmatrix} = n \begin{pmatrix} w_1 \\ w_2 \\ \vdots \\ w_n \end{pmatrix} = nw \tag{6.6}$$

这说明 w 还是成对比较矩阵 A 的特征向量,对应的特征值为 n,理论上已严格地证明了 n 是 A 的唯一最大特征值. 按类比法,也可以用求解特征方程的办法来得到重要性向量. 与式(6.1)对应的特征方程为

$$\begin{pmatrix} 1 & 1/5 & 1/3 \\ 5 & 1 & 3 \\ 3 & 1/3 & 1 \end{pmatrix} \begin{pmatrix} w_1 \\ w_2 \\ w_3 \end{pmatrix} = n \begin{pmatrix} w_1 \\ w_2 \\ w_3 \end{pmatrix} \tag{6.7}$$

由此可以解出其最大特征值为 $n = 3.038$,对应的特征向量为

$$w = (0.105, 0.537, 0.258)^T \tag{6.8}$$

矛盾和原因

同一个问题,相似的方法,为什么式(6.5)与式(6.8)的结果不一致(尽管不影响排序)? 现在我们来分析一下其中的原因. 对于由重量比值构成的成对比较矩阵(式(6.2)),不难证明它具有唯一性($a_{ii} = 1$)、互反性($a_{ij} = 1/a_{ji}$)和一致性($a_{ij}a_{jk} = a_{ik}$). 然而,重要性是由人来判断的,由于人对复杂事物采用两两比较的方法获得的重要性比值不可能做到完全一致,往往存在估计误差,因此所得的成对比较矩阵只具有唯一性和互反性,一般不具有一致性.

一致性的缺少是造成两种类比方法结果不同的原因. 利用最小二乘法可以证明:用求解特征方程得到的权重向量平均误差较小. 因此最好采用这个方法来求解权重向量.

一致性检验

既然存在误差,就需要知道误差的程度到底有多大,会不会影响综合排序的结果.理论上已经证明:对于具有一致性的成对比较矩阵,最大特征值为 n;反之,如果一个成对比较矩阵的最大特征值为 n,则一定具有一致性.估计误差的存在破坏了一致性,必然导致特征向量及特征值也有偏差.用 $\bar{n}$ 表示带有偏差的最大特征值,则 $\bar{n}$ 与 n 之差的大小反映了不一致的程度.考虑到因素个数的影响,Saaty 将

$$CI = \frac{\bar{n}-n}{n-1} \tag{6.9}$$

定义为一致性指标.当 $CI=0$ 时,成对比较矩阵 A 矩阵完全一致,否则就存在不一致;CI 越大,不一致程度越大.为了确定不一致程度的允许范围,Saaty 又定义了一个一致性比率 CR,当

$$CR = \frac{CI}{RI} \tag{6.10}$$

当 $CR<0.10$ 时,认为其不一致性可以被接受,不会影响排序的定性结果.式(6.10)中的 RI 值如表 6.16 所示.

表 6.16 随机一致性指标 RI 值表

n	1	2	3	4	5	6	7	8	9	10
RI	0	0	0.58	0.96	1.12	1.24	1.32	1.41	1.45	1.49

应用上面的结果,可以算出对式(6.1)的成对比较矩阵,有

$$CI = 0.019, CR = 0.033 \tag{6.11}$$

因此其不一致性可以被接受.

6.4 数学建模应用实例 LINGO 实现

6.4.1 奶制品的生产计划

下面介绍一个单阶段生产计划的实例,说明如何建立这类问题的数学规划模型,并利用 LINGO 软件进行求解.

【例 6.18】 某奶制品加工厂用牛奶生产 A_1,A_2 两种奶制品,1 桶牛奶可以在甲类设备上用 12h 加工成 3kg A_1,或者在乙类设备上用 8h 加工成 4kg A_2.生产的 A_1、A_2 全部都能售出,且每千克 A_1 获利 24 元,每千克 A_2 获利 16 元.现在加工厂每天能得到 50 桶牛奶的供应,每天工人总的劳动时间为 480h,并且甲类设备每天至多能多加工 100kg A_1,乙类设备的加工能力没有限制.试为该厂制订一个生产计划,使每天获利最大.

问题分析 这个优化问题的目标是使每天的获利最大,要作的决策是生产计划,即每天用多少桶牛奶生产 A_1,用多少桶牛奶生产 A_2(也可以是每天生产多少千克 A_1,多少千克 A_2),决策受到 3 个条件的限制:原料(牛奶)供应、劳动时间、甲类设备的加工能力.按照题目所给,将决策变量、目标函数和约束条件用数学符号和公式表示出来,就可得到下面的模型.

基本模型:

决策变量:设每天用 x_1 桶牛奶生产 A_1,用 x_2 桶牛奶生产 A_2.

目标函数:设每天获利为 z 元. x_1 桶牛奶可生产 $3x_1$ 千克 A_1,获利 $24\times 3x_1$,x_2 桶牛奶可生产 $4x_2$ 千克 A_2,获利 $16\times 4x_2$,故 $z=72x_1+64x_2$.

约束条件:

原料供应:生产 A_1,A_2 的原料(牛奶)总量不得超过每天的供应,即 $x_1+x_2\leqslant 50$;

劳动时间:生产 A_1,A_2 的总加工时间不得超过每天正式工人总的劳动时间,即 $12x_1+8x_2\leqslant 480$;

设备能力:A_1 的产量不得超过设备甲每天的加工能力,即 $3x_1\leqslant 100$;

非负约束:x_1,x_2 均不能为负值,即 $x_1\geqslant 0$,$x_2\geqslant 0$.

综上可得该问题的基本模型:

$$\max z=72x_1+64x_2,$$
$$\text{s. t.} \begin{cases} x_1+x_2\leqslant 50, \\ 12x_1+8x_2\leqslant 480, \\ 3x_1\leqslant 100, \\ x_1\geqslant 0, x_2\geqslant 0. \end{cases}$$

模型分析与假设

由于上述模型的目标函数和约束条件对于决策变量而言都是线性的,所以称为线性规划.线性规划具有下述三个特征:

比例性 每个决策变量对目标函数的"贡献"与该决策变量的取值成正比;每个决策变量对每个约束条件右端的"贡献"与该决策变量的取值成正比.

可加性 各个决策变量对目标函数的"贡献"与其他决策变量取值无关;各个决策变量对每个约束条件右端项的"贡献"与其他决策变量的取值无关.

连续性 每个决策变量的取值是连续的.

比例性和可加性保证了目标函数和约束条件对于决策变量的线性性,连续性则允许得到决策变量的实数最优解.

对于本例,能建立上面的线性规划模型,实际上是事先作了如下的假设:

① A_1,A_2 两种奶制品每千克的获利是与它们各自产量无关的常数,每桶牛奶加工出的 A_1,A_2 的量和所需的时间是与它们各自的产量无关的常数;

② A_1,A_2 每千克的获利是与它们相互间产量无关的常数,每桶牛奶加工出的 A_1,A_2 的量和所需的时间是与它们相互间产量无关的常数;

③ 加工 A_1,A_2 的牛奶桶数可以是任意实数.

模型求解

求解线性规划问题的基本方法是单纯形法,为了提高解题速度,又有改进单纯形法、对偶单纯形法、原始对偶法、分解算法和多项式时间算法.无论哪种方法,只要决策变量较多,计算量都会十分巨大.借助 LINGO 软件,以上的线性规划问题能很快求出解来.计算的 LINGO 程序如下:

```
max=72*x1+64*X2;
x1+x2<=50;
```

12 * x1+8 * x2<=480;

3 * x1<=100;

x1>=0;

x2>=0;

运行结果如图 6.11 所示.

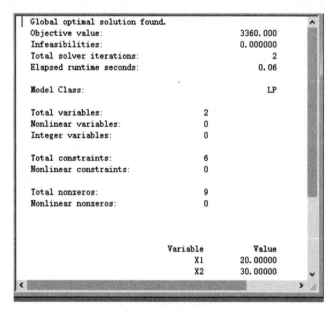

图 6.11 运行结果示意

得到如下结果:最优值为 3360, X1 = 20, X2 = 30, 即设每天用 20 桶牛奶生产 A_1, 用 30 桶牛奶生产 A_2, 获利 3360 元.

注 本例在产品利润、加工时间等参数均可设为常数的情况下,建立了线性规划模型. 线性规划模型的三要素是:决策变量、目标函数和约束条件. 线性规划模型可以方便地利用 LINGO 软件进行求解.

6.4.2 自来水的输送

钢铁、煤炭、水电等生产、生活物资从若干供应点运送到一些需求点,怎样安排输送方案使运费最小,或者利润最大?下面通过一个例子讨论用数学规划解决这类问题的方法.

【例 6.19】 某市有甲、乙、丙、丁四个居民区,自来水由 A、B、C 三个水库供应.四个区每天必须得到保证的基本生活用水量分别为 30,70,10,10(千吨),但由于水源紧张,三个水库每天最多只能分别供应 50,60,50(千吨)自来水.由于地理位置的差别,自来水公司从各水库向各区送水所需付出的引水管理费不同(见表 6.17,其中 C 水库与丁区之间没有输水管道),其他管理费用都是 450 元/千吨.根据公司规定,各区用户按照统一标准 900 元/千吨收费.此外,四个区都向公司申请了额外用水量,分别为每天 50,70,20, 40(千吨).该公司应如何分配供水量,才能获利最多?

问题分析 分配供水量就是安排从三个水库向四个区送水的方案,目标是获利最多.

而从给出的数据看，A、B、C 三个水库的总供水量为
$$50+60+50=160(千吨)，$$
不超过四个区的基本生活用水量与额外用水量之和：
$$30+70+10+10+50+70+20+40=300(千吨)，$$
因而总能全部卖出并获利，于是自来水公司每天的总收入是
$$900\times(50+60+50)=144000(元)，$$
与送水方案无关．同样，公司每天的其他管理费也是固定的：
$$450\times(50+60+50)=72000(元)，$$
与送水方案无关．所以，要使利润最大，只需使引水管理费最小即可．另外，送水方案自然要受三个水库的供应量和四个区的需求量的限制．

表 6.17 送水所需付出的引水管理费

引水管理费/(元/千吨)	甲	乙	丙	丁
A	160	130	220	170
B	140	130	190	150
C	190	200	230	/

模型建立

决策变量为 A、B、C 三个水库($i=1,2,3$)分别向甲、乙、丙、丁四个居民区($j=1,2,3,4$)的供水量．设 x_{ij} 为水库 i 向居民区 j 的日供水量，$i=1,2,3, j=1,2,3,4$．由于 C 水库与丁区之间没有输水管道，即 $x_{34}=0$，因此只有 11 个决策变量．由以上分析，问题的目标可以从利润最大转化为引水管理费最小，于是有：

目标函数为
$$\min z = 160x_{11}+130x_{12}+220x_{13}+170x_{14}+140x_{21}$$
$$+130x_{22}+190x_{23}+150x_{24}+190x_{31}+200x_{32}+230x_{33}.$$

约束条件有两类：一类是水库的供应量的限制，另一类是各区的需求量的限制．

水库的供应量的限制可表示为
$$x_{11}+x_{12}+x_{13}+x_{14}=50,$$
$$x_{21}+x_{22}+x_{23}+x_{24}=60,$$
$$x_{31}+x_{32}+x_{33}=50.$$

需求量的限制可表示为
$$30 \leq x_{11}+x_{21}+x_{31} \leq 80,$$
$$70 \leq x_{12}+x_{22}+x_{32} \leq 140,$$
$$10 \leq x_{13}+x_{23}+x_{33} \leq 30,$$
$$10 \leq x_{14}+x_{24} \leq 50.$$

模型求解

本例是一个线性规划模型，可以利用 LINGO 软件进行求解．LINGO 程序如下：

min = 160 * x11+130 * x12+220 * x13+170 * x14+140 * x21+130 * x22+190 * x23+150 * x24+190 * x31+200 * x32+230 * x33;

```
x11+x12+x13+x14=50;
x21+x22+x23+x24=60;
x31+x32+x33=50;
x11+x21+x31<=80;
x11+x21+x31>=30;
x12+x22+x32<=140;
x12+x22+x32>=70;
 x13+x23+x33<=30;
 x13+x23+x33>=10;
 x14+x24<=50;
x14+x24>=10;
x11>=0;x12>=0;x13>=0;x14>=0;x21>=0;x22>=0;x23>=0;x24>=0;
x31>=0;x32>=0;x33>=0;
```

运行结果如图 6.12 所示.

解得 x11=0,x12=50, x13=0,x14=0, x21=0, x22=50, x23=0, x24=10, x31=40, x32=0, x33=10,送水方案为:A 水库向乙区供水 50 千吨,B 水库向乙、丁区分别供水 50 千吨、10 千吨,C 水库向甲、丙区分别供水 40 千吨、10 千吨. 引水管理费为 24400 元,利润=总收入-其他管理费-引水管理费=144000-72000-24400=47600 元.

```
Global optimal solution found.
Objective value:                              24400.00
Infeasibilities:                              0.000000
Total solver iterations:                             8
Elapsed runtime seconds:                          0.07

Model Class:                                        LP

Total variables:                     11
Nonlinear variables:                  0
Integer variables:                    0

Total constraints:                   23
Nonlinear constraints:                0

Total nonzeros:                      55
Nonlinear nonzeros:                   0



                      Variable           Value        Reduced Cost
                           X11        0.000000            30.00000
                           X12        50.00000            0.000000
                           X13        0.000000            50.00000
                           X14        0.000000            20.00000
                           X21        0.000000            10.00000
                           X22        50.00000            0.000000
                           X23        0.000000            20.00000
                           X24        10.00000            0.000000
                           X31        40.00000            0.000000
                           X32        0.000000            10.00000
                           X33        10.00000            0.000000
```

图 6.12 运行结果示意图

讨论 如果 A、B、C 每个水库每天的最大供水量都提高一倍,则公司总供水量为 320 千吨,大于总需求量 300 千吨,水库供水量不能全部卖出,因而不能像前面那样, 将利润最大转化为引水管理费最小．此时首先计算 A、B、C 三个水库分别向甲、乙、丙、丁四个居民区供应每千吨水的净利润，即从收入 900 中减去其他管理费用 450 元，再减去表 6.16 所列的引水管理费，得表 6.18．

表 6.18　供应每千吨水的净利润

利润/(元/千吨)	甲	乙	丙	丁
A	290	320	230	280
B	310	320	260	300
C	260	250	220	/

于是目标函数为

$$\max z = 290x_{11} + 320x_{12} + 230x_{13} + 280x_{14}$$
$$+ 310x_{21} + 320x_{22} + 260x_{23} + 300x_{24} + 260x_{31} + 250x_{32} + 220x_{33}.$$

约束条件　由于水库供水量不能全部卖出，所以水库供应量的限制的右端增加一倍，同时，应将等号改成小于等于号，需求量的限制不变．

$$x_{11} + x_{12} + x_{13} + x_{14} \leq 100,$$
$$x_{21} + x_{22} + x_{23} + x_{24} \leq 120,$$
$$x_{31} + x_{32} + x_{33} \leq 100,$$
$$30 \leq x_{11} + x_{21} + x_{31} \leq 80,$$
$$70 \leq x_{12} + x_{22} + x_{32} \leq 140,$$
$$10 \leq x_{13} + x_{23} + x_{33} \leq 30,$$
$$10 \leq x_{14} + x_{24} \leq 50.$$

LINGO 程序如下：

```
Max=290*x11+320*x12+230*x13+280*x14+310*x21+320*x22+260*x23+300*x24+260*x31+250*x32+220*x33;
x11+x12+x13+x14<=100;
x21+x22+x23+x24<=120;
x31+x32+x33<=100;
x11+x21+x31<=80;
x11+x21+x31>=30;
x12+x22+x32<=140;
x12+x22+x32>=70;
x13+x23+x33<=30;
x13+x23+x33>=10;
x14+x24<=50;
x14+x24>=10;
x11>=0;x12>=0;x13>=0;x14>=0;x21>=0;x22>=0;x23>=0;x24>=0; x31>=0;x32>=0;x33>=0;
```

运行结果如图 6.13 所示．解得送水方案为：A 水库向乙区供水 100 千吨，B 水库向甲、乙、丙、丁区分别供水 30 千吨、40 千吨、50 千吨，C 水库向甲、丙区分别供水 50 千吨、30 千吨．总利润为 88700 元．

```
Global optimal solution found.
Objective value:                           88700.00
Infeasibilities:                           0.000000
Total solver iterations:                          7
Elapsed runtime seconds:                       0.07
Model Class:                                     LP

Total variables:          11
Nonlinear variables:       0
Integer variables:         0
Total constraints:        23
Nonlinear constraints:     0
Total nonzeros:           55
Nonlinear nonzeros:        0

                       Variable       Value      Reduced Cost
                          X11       0.000000       20.00000
                          X12     100.0000        0.000000
                          X13       0.000000       40.00000
                          X14       0.000000       20.00000
                          X21      30.00000        0.000000
                          X22      40.00000        0.000000
                          X23       0.000000       10.00000
                          X24      50.00000        0.000000
                          X31      50.00000        0.000000
                          X32       0.000000       20.00000
                          X33      30.00000        0.000000
```

图 6.13 运行结果示意图

注 本题考虑的是将某种物资从若干供应点运往一些需求点,在供需量约束条件下使总费用最小,或总利润最大.这类问题一般称为运输问题,是线性规划应用最广泛的领域之一.在标准的运输问题中,供需量通常是平衡的,即供应点的总供应量等于需求点的总需求量.本题中供需量不平衡,但这并不会引起本质的区别,一样可以方便地建立线性规划模型求解.

6.4.3 汽车生产计划

【例 6.20】 问题:某汽车厂生产小、中、大三种汽车,已知各类型每辆车对钢材、劳动时间的需求、利润,以及每月工厂钢材、劳动时间的现有量见表 6.19 所示,试制订月生产计划,使工厂的利润最大.

表 6.19 汽车厂的生产数据

	小型	中型	大型	现有量
钢材	1.5	3	5	600
时间	280	250	400	60000
利润	2	3	4	

模型建立及求解

设每月生产小、中、大型汽车的数量分别为 $x1,x2,x3$,工厂的月利润为 z,则可得到如下整数规划模型

$$\max z = 2x1 + 3x2 + 4x3,$$

$$\text{s. t.} \begin{cases} 1.5x1+3x2+5x3 \leq 600, \\ 280x1+250x2+400x3 \leq 60000, \\ x1, x_2, x_3 \text{ 为非负整数}. \end{cases}$$

利用 LINGO 软件进行求解. LINGO 程序如下:

$$\max = 2*x1 + 3*x2 + 4*x3;$$
$$(3/2)*x1 + 3*x2 + 5*x3 <= 600;$$
$$280*x1 + 250*x2 + 400*x3 <= 60000;$$
$$x1>=0; x2>=0; x3 >= 0;$$
$$@\gin(x1); @\gin(x2); @\gin(x3);$$

运行结果如图 6.14 所示.

```
Global optimal solution found.
Objective value:                    632.0000
Objective bound:                    632.0000
Infeasibilities:                    0.000000
Extended solver steps:                     0
Total solver iterations:                   4
Elapsed runtime seconds:                0.07
Model Class:                            PILP

Total variables:                 3
Nonlinear variables:             0
Integer variables:               3
Total constraints:               6
Nonlinear constraints:           0
Total nonzeros:                 12
Nonlinear nonzeros:              0

                  Variable        Value         Reduced Cost
                        X1     64.00000            -2.000000
                        X2     168.0000            -3.000000
                        X3     0.000000            -4.000000
```

图 6.14 运行结果示意

解得 $x1=64, x2=168, x3=0$,最优值 $z=632$,即问题要求的月生产计划为生产小型车 64 辆、中型车 168 辆,不生产大型车.

6.5 本章小结

本章介绍了 LINGO 数学模型编程实例. 第 1 节介绍了 LINGO 编程基本格式;6.2 节介绍了最小二乘法的 LINGO 实现;6.3 节介绍了层次分析法的 LINGO 实现;6.4 节介绍了数学建模应用实例 LINGO 实现内容.

习 题 6

1. 求解下列线性规划问题

(1) $\max z = x_1 + x_2 - 3x_3$, s.t. $x_1 + x_2 + x_3 = 10$,
$2x_1 - 5x_2 + x_3 \geq 0, x_1 + 3x_2 + x_3 \leq 12, x_1, x_2, x_3 \geq 0$.

(2) $\min z = x_1 + 3x_2 + 5x_3$, s.t. $x_1 + 4x_2 + 3x_3 \geq 8$, $3x_1 + 2x_2 \geq 6$, $x_1, x_2, x_3 \geq 0$.

(3) $\min z = |x_1|+|x_2|+|x_3|+|x_4|$, s.t. $x_1-x_2-x_3+x_4 \leq -2$, $x_1-x_2+x_3-3x_4 \leq -1$, $x_1-x_2-2x_3+3x_4 \leq -\frac{1}{2}$.

(4) $\max z = 50x_1+36x_2$, s.t. $x_1+x_2 \leq 50, 12x_1+8x_2 \leq 480, 3x_1 \leq 100, x_1 \geq 0, x_2 \geq 0$.

(5) $\min z = 120x_{11}+130x_{12}+140x_{13}+150x_{14}+160x_{21}$
$+170x_{22}+190x_{23}+150x_{24}+190x_{31}+200x_{32}+230x_{33}$,

s.t. $\begin{cases} x_{11}+x_{12}+x_{13}+x_{14}=50, \\ x_{21}+x_{22}+x_{23}+x_{24}=60, \\ x_{31}+x_{32}+x_{33}=50, \\ 30 \leq x_{11}+x_{21}+x_{31} \leq 80, \\ 70 \leq x_{12}+x_{22}+x_{32} \leq 140, \\ 10 \leq x_{13}+x_{23}+x_{33} \leq 30, \\ 10 \leq x_{14}+x_{24} \leq 50. \end{cases}$

(6)
$\max z = 4x1+5x2+6x3$,

s.t. $\begin{cases} 1.5x1+3x2+5x3 \leq 600, \\ 280x1+250x2+400x3 \leq 60000, \\ x1, x_2, x_3 \text{ 为非负整数}. \end{cases}$

2. 在椭球面 $x^2+y^2+\frac{z^2}{4}=1$ 的第一卦限上求一点,使椭球面在该点处的切平面在三个坐标轴上截距的平方和最小.

3. 在平面 $3x-2z=0$ 上求一点,使它与点 $A(1,0,1),B(2,2,3)$ 的距离平方和为最小.

4. 在曲面 $z=\sqrt{x^2+y^2}$ 上找一点,使其与点 $(1,\sqrt{2},3\sqrt{3})$ 的距离最短,并求此最短距离.

5. 在两个平面 $y+2=0, x+2z=7$ 的交线上找一点,使这点到点 $(0,1,1)$ 的距离最短,并求这最短距离.

6. 将数 33 分成 3 个正整数 x,y,z 之和,问 x,y,z 各等于多少时,函数 $u=x^2+2y^2+3z^2$ 取最小值.

习题 6 答案

1.
(1) 程序如下:
```
max = x1+x2-3*x3;
x1+x2+x3=10;
2*x1-5*x2+x3>=10;
x1+3*x2+x3<=12;
x1>=0;
x2>=0;
x3>=0;
```

单击求解按钮得到的结果如图 6.15 所示，x1 = 9, x2 = 1, x3 = 0，max = 10.

```
Global optimal solution found.
Objective value:                           10.00000
Infeasibilities:                            0.000000
Total solver iterations:                           3
Elapsed runtime seconds:                        0.07

Model Class:                                      LP

Total variables:                   3
Nonlinear variables:               0
Integer variables:                 0

Total constraints:                 7
Nonlinear constraints:             0

Total nonzeros:                   15
Nonlinear nonzeros:                0


              Variable           Value        Reduced Cost
                    X1        9.000000            0.000000
                    X2        1.000000            0.000000
                    X3        0.000000            4.000000
```

图 6.15　运行结果示意

（2）程序如下：

min = x1 + 3 * x2 + 5 * x3;
x1 + 4 * x2 + 3 * x3 >= 8;
3 * x1 + 2 * x2 >= 6;
x1 >= 0;
x2 >= 0;
x3 >= 0;

单击求解按钮得到的结果如图 6.16 所示，x1 = 0.8, x2 = 1.8, x3 = 0，min = 6.2.

```
Global optimal solution found.
Objective value:                            6.200000
Infeasibilities:                            0.000000
Total solver iterations:                           2
Elapsed runtime seconds:                        0.11

Model Class:                                      LP

Total variables:                   3
Nonlinear variables:               0
Integer variables:                 0

Total constraints:                 6
Nonlinear constraints:             0

Total nonzeros:                   11
Nonlinear nonzeros:                0


              Variable           Value        Reduced Cost
                    X1       0.8000000            0.000000
                    X2       1.800000             0.000000
                    X3       0.000000             2.900000
```

图 6.16　运行结果示意

(3) 程序如下:

min = @abs(x1) + @abs(x2) + @abs(x3) + @abs(x4);

x1-x2-x3+x4<=-2;

x1-x2+x3-3*x4<=-1;

x1-x2-2*x3+3*x4<=-1/2;

@free(x1);@free(x2);@free(x3);@free(x4);

单击求解按钮◎得到的结果如图 6.17 所示,x1 = -0.168,x2 = 1.56,x3 = 0.4018,x4 = -0.2299, min = 2.

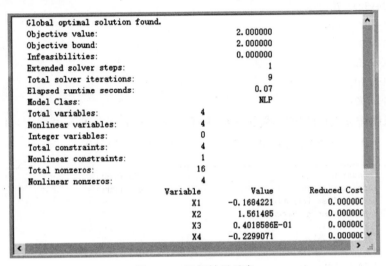

图 6.17 运行结果示意

(4) 程序如下:

max = 50*x1+36*x2;

x1+x2<=50;

12*x1+8*x2<=480;

3*x1<=100;

x1>=0;x2>=0;

单击求解按钮◎得到的结果如图 6.18 所示,x1 = 20,x2 = 30, max = 2080.

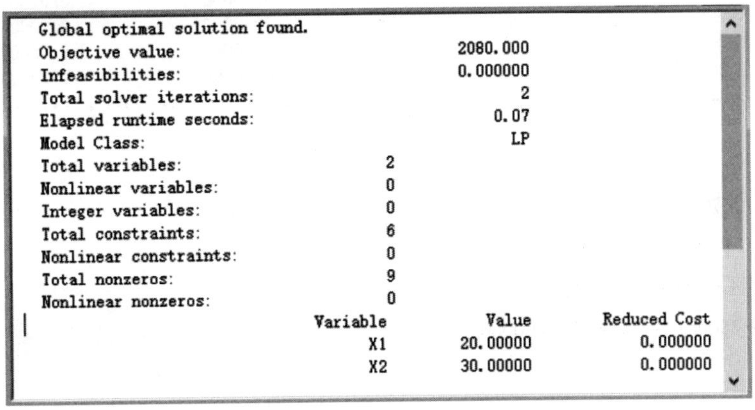

图 6.18 运行结果示意

(5) 程序如下：

min = 120 * x11+130 * x12+140 * x13+150 * x14+160 * x21+170 * x22+190 * x23+150 * x24+190 * x31+200 * x32+230 * x33;

x11+x12+x13+x14 = 50;

x21+x22+x23+x24 = 60;

x31+x32+x33 = 50;

x11+x21+x31 >= 30;

x11+x21+x31 <= 80;

x12+x22+x32 >= 70;

x12+x22+x32 <= 140;

x13+x23+x33 >= 10;

x13+x23+x33 <= 30;

x14+x24 >= 10;

x14+x24 <= 50;

单击求解按钮 得到的结果如图 6.19 所示，x11 = 0, x12 = 40, x13 = 10, x14 = 0, x21 = 0, x22 = 10, x23 = 0, x24 = 50, x31 = 30, x32 = 20, x33 = 0, min = 25500。

Objective value:	25500.00
Infeasibilities:	0.000000
Total solver iterations:	9
Elapsed runtime seconds:	0.07
Model Class:	LP
Total variables:	11
Nonlinear variables:	0
Integer variables:	0
Total constraints:	12
Nonlinear constraints:	0
Total nonzeros:	44
Nonlinear nonzeros:	0

Variable	Value	Reduced Cost
X11	0.000000	0.000000
X12	40.00000	0.000000
X13	10.00000	0.000000
X14	0.000000	40.00000
X21	0.000000	0.000000
X22	10.00000	0.000000
X23	0.000000	10.00000
X24	50.00000	0.000000
X31	30.00000	0.000000
X32	20.00000	0.000000
X33	0.000000	20.00000

图 6.19 运行结果示意

(6) 程序如下：

max = 4 * x1+5 * x2+6 * x3;

1.5 * x1+3 * x2+5 * x3 <= 600;

280 * x1+250 * x2+400 * x3 <= 60000;

x1 >= 0;

x1 >= 0;

x3 >= 0;

@gin(x1);@gin(x2);@gin(x3);

单击求解按钮 ◎ 得到的结果如图 6.20 所示,x1 = 64,x2 = 168, x3 = 0,max = 1096.

```
Global optimal solution found.
Objective value:                    1096.000
Objective bound:                    1096.000
Infeasibilities:                    0.000000
Extended solver steps:                     0
Total solver iterations:                   3
Elapsed runtime seconds:                0.07
Model Class:                            PILP
Total variables:            3
Nonlinear variables:        0
Integer variables:          3
Total constraints:          6
Nonlinear constraints:      0
Total nonzeros:            12
Nonlinear nonzeros:         0

            Variable           Value        Reduced Cost
                  X1       64.00000           -4.000000
                  X2       168.0000           -5.000000
                  X3       0.000000           -6.000000
```

图 6.20 运行结果示意

2. 设在点 $M_0(x_0,y_0,z_0)$ 处求得最小值$(x_0>0,y_0>0,z_0>0)$,则在点 M_0 处的切平面方程为

$$2x_0(x-x_0)+2y_0(y-y_0)+\frac{1}{2}z_0(z-z_0)=0,$$

即

$$\frac{x}{\frac{1}{x_0}}+\frac{y}{\frac{1}{y_0}}+\frac{z}{\frac{4}{z_0}}=1.$$

于是截距的平方和为

$$f=\frac{1}{x_0^2}+\frac{1}{y_0^2}+\frac{16}{z_0^2},$$

则有下列规划问题:

$$\min z = \frac{1}{x_0^2}+\frac{1}{y_0^2}+\frac{16}{z_0^2},$$

$$\text{s. t. } x_0^2+y_0^2+\frac{z_0^2}{4}=1.$$

LINGO 程序如下:

min = 1/x0^2+1/y0^2+16/z0^2;
x0^2+y0^2+z0^2/4 = 1;
@free(x0);@free(y0);@free(z0);

单击求解按钮 ◎ 得到的结果如图 6.21 所示,x0 = 0.5,y0 = 0.5,z0 = 1.414214,min = 16.

```
Local optimal solution found.
Objective value:                              16.00000
Infeasibilities:                              0.000000
Extended solver steps:                               1
Best multistart solution found at step:              1
Total solver iterations:                            14
Elapsed runtime seconds:                          0.13
Model Class:                                       NLP
Total variables:              3
Nonlinear variables:          3
Integer variables:            0
Total constraints:            2
Nonlinear constraints:        2
Total nonzeros:               6
Nonlinear nonzeros:           6

              Variable           Value
                    X0       0.5000000
                    Y0       0.5000000
                    Z0        1.414214
```

图 6.21 运行结果示意

3. 设平面 $3x-2z=0$ 上的任意一点 $M(x,y,z)$ 与点 A、B 距离的平方和为

$$f=(x-1)^2+y^2+(z-1)^2+(x-2)^2+(y-2)^2+(z-3)^2,$$

则有下列规划问题：

$$\min u = (x-1)^2+y^2+(z-1)^2+(x-2)^2+(y-2)^2+(z-3)^2,$$
$$\text{s. t. } 3x-2z=0.$$

LINGO 程序如下：

min=(x-1)^2+y^2+(z-1)^2+(x-2)^2 +(y-2)^2+(z-3)^2;
3 * x-2 * z=0;
@free(x);@free(y);@free(z);

单击求解按钮 得到的结果如图 6.22 所示，x = 1.384615，y = 1，z = 2.076923，min = 4.538462.

```
Global optimal solution found.
Objective value:                              4.538462
Infeasibilities:                              0.000000
Total solver iterations:                             4
Elapsed runtime seconds:                          0.06
Model is convex quadratic
Model Class:                                        QP
Total variables:              3
Nonlinear variables:          3
Integer variables:            0
Total constraints:            2
Nonlinear constraints:        1
Total nonzeros:               5
Nonlinear nonzeros:           3

              Variable           Value
                     X        1.384615
                     Y        1.000000
                     Z        2.076923
```

图 6.22 运行结果示意

4. 设曲面 $z=\sqrt{x^2+y^2}$ 上所求点的坐标为 $M(x,y,z)$，则
$$d=\sqrt{(x-1)^2+(y-\sqrt{2})^2+(z-\sqrt{3})^2},$$
从而有下列规划问题：
$$\min u = \sqrt{(x-1)^2+(y-\sqrt{2})^2+(z-\sqrt{3})^2},$$
$$\text{s.t. } z=\sqrt{x^2+y^2}.$$

LINGO 程序如下：

min=@sqrt((x-1)^2+(y-@sqrt(2))^2+(z-3*@sqrt(3))^2);
z-@sqrt(x^2+y^2)=0;
@free(x);@free(y);@free(z);

单击求解按钮 ◎ 得到的结果如图 6.23 所示，x=2，y=2.828427，z=3.464102，min=2.449490.

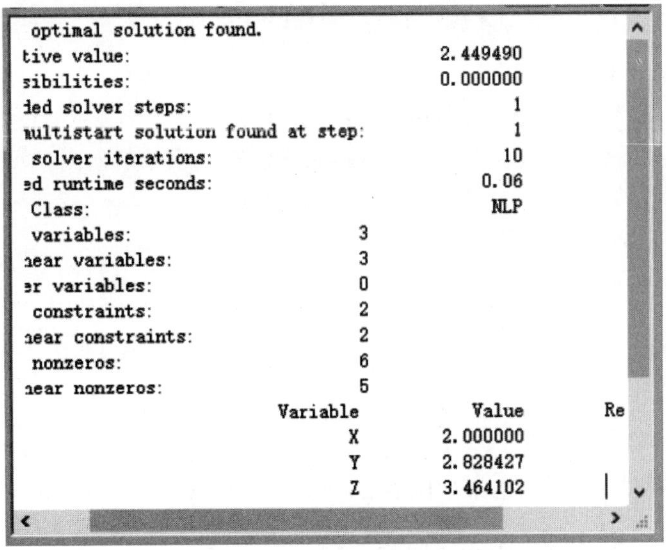

图 6.23　运行结果示意

5. 设所求点的坐标为 $M(x,y,z)$，则点 $M(x,y,z)$ 到点 $(0,1,1)$ 距离为
$$d=\sqrt{x^2+(y-1)^2+(z-1)^2},$$
从而有下列规划问题：
$$\min u = \sqrt{x^2+(y-1)^2+(z-1)^2},$$
$$\text{s.t. } y+2=0, x+2z=7.$$

LINGO 程序如下：

min=@sqrt(x^2+(y-1)^2+(z-1)^2);
y+2=0;
x+2*z=7;
@free(x);@free(y);@free(z);

单击求解按钮 ◎ 得到的结果如图 6.24 所示，x=1，y=-2，z=3，min=3.741657.

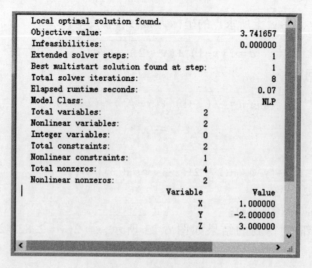

图 6.24 运行结果示意

6. 由题意有下列规划问题:

$$\min u = x^2 + 2y^2 + 3z^2,$$
$$\text{s. t. } x+y+z = 33.$$

LINGO 程序如下:

min = x^2+2 * y^2+3 * z^2;
x+y+z = 33;
x>0;
y>0;
z>0;
@gin(x);@gin(y);@gin(z);

单击求解按钮 得到的结果如图 6.25 所示, $x=18, y=9, z=6$, min = 694.

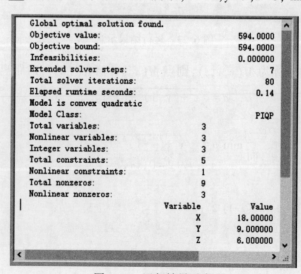

图 6.25 运行结果示意

附录 I　如何利用 LINGO 做数学建模

1.1　数学建模概述

1.1.1　数学建模

数学技术：近半个多世纪，随着计算机技术的迅速发展，数学的应用不仅在工程技术、自然科学等领域发挥着越来越重要的作用，而且以空前的广度和深度向经济、管理、金融、生物、医学、环境、地质、人口、交通等新的领域渗透，所谓数学技术已经成为当代高新技术的重要组成部分．

数学模型(Mathematical Model)：是一种模拟，是用数学符号、数学公式、程序、图形等对实际课题本质属性的抽象而又简洁的刻画，它或能解释某些客观现象，或能预测未来的发展规律，或能为控制某一现象的发展提供某种意义下的最优策略或较好策略．数学模型一般并非现实问题的直接翻版，它的建立常常既需要人们对现实问题深入细微的观察和分析，又需要人们灵活巧妙地利用各种数学知识．这种应用知识从实际课题中抽象、提炼出数学模型的过程就称为**数学建模**(Mathematical Modeling)．

不论是用数学方法在科技和生产领域解决哪类实际问题，还是与其他学科相结合形成交叉学科，首要的和关键的一步是建立研究对象的数学模型，并加以计算求解(通常借助计算机)，数学建模和计算机技术在知识经济时代的作用可谓是如虎添翼．

1.1.2　数学建模竞赛起源

数学建模是在20世纪60—70年代进入一些西方国家大学的，中国的几所大学也在80年代初将数学建模引入课堂，经过近40年的发展，绝大多数本科院校和许多专科学校都开设了各种形式的数学建模课程和讲座，为培养学生利用数学方法分析、解决实际问题的能力开辟了一条有效的途径．大学生数学建模竞赛最早是1985年在美国出现的，1989年在几位从事数学建模教育的教师的组织和推动下，中国几所大学的学生开始参加美国的竞赛，而且积极性越来越高，近几年参赛校数、队数占到相当大的比例．

我国组织自己的数学建模竞赛是从1992年开始的，由中国工业与应用数学学会组织举办了10个城市的大学生数学模型联赛，74所院校的314个队参加．教育部领导及时发现、并扶植、培育了这一新生事物，决定从1994年起由教育部高教司和中国工业与应用数学学会共同主办全国大学生数学建模竞赛，每年一届．十几年来，这项竞赛的规模以平均年增长25%以上的速度发展．可以说，数学建模竞赛是在美国诞生，在中国开花、结果的．

1.1.3 数学建模的主要步骤

1. 模型准备

首先要了解问题的实际背景,明确建模目的,搜集各种必需的信息,尽量弄清对象的特征.

2. 模型假设

根据对象的特征和建模目的,对问题进行必要的、合理的简化,用精确的语言作出假设,是建模至关重要的一步. 如果对问题的所有因素一概考虑,无疑是一种有勇气但方法欠佳的行为,所以高水平的建模者能充分发挥想象力、洞察力和判断力,善于辨别主次,而且为了使处理方法简单,应尽量使问题线性化、均匀化.

3. 模型构成

根据所作的假设分析对象的因果关系,利用对象的内在规律和适当的数学工具,构造各个量间的等式关系或其他数学结构. 这时,我们便会进入一个广阔的应用数学天地,这里在高数、概率领域,有许多分支,如图论、排队论、线性规划、对策论等. 建立数学模型是为了利用数学模型有效地分析、解决现实问题,因此建模工具越简单越有价值.

4. 模型求解

模型求解可以采用解方程、画图形、证明定理、逻辑运算、数值运算等各种传统的和近代的数学方法,特别是计算机技术. 一道实际问题的解决往往需要纷繁的计算,许多时候还得将系统运行情况用计算机模拟出来,因此编程和熟悉数学软件包能力便举足轻重.

5. 模型分析

模型分析即对模型解答进行数学上的分析. 能否对模型结果作出细致精当的分析,决定了模型能否达到更高的档次. 还要记住,不论哪种情况,都需进行误差分析和数据稳定性分析.

1.1.4 数学建模采用的主要方法

1. 机理分析法

根据对客观事物特性的认识从基本物理定律以及系统的结构数据来推导出模型.

比例分析法:建立变量之间函数关系的最基本最常用的方法.

代数方法:求解离散问题(离散的数据、符号、图形)的主要方法.

逻辑方法:数学理论研究的重要方法,对社会学和经济学等领域的实际问题,在决策、对策等学科中有广泛的应用.

常微分方程:解决两个变量之间的变化规律,关键是建立"瞬时变化率"的表达式.

偏微分方程:解决因变量与两个以上自变量之间的变化规律.

2. 数据分析法

通过对测量数据的统计分析,找出与数据拟合最好的模型.

回归分析法:用于对函数 $f(x)$ 的一组观测值 $(x_i,f_i) i=1,2,\cdots,n$,确定函数的表达式,由于处理的是静态的独立数据,故称为数理统计方法.

时序分析法:处理的是动态的相关数据,又称为过程统计方法.

3. 仿真和其他方法

计算机仿真:实质上是统计估计方法,等效于抽样实验,包括:①离散系统仿真,有一组状态变量;②连续系统仿真,有解析表达式或系统结构图.

因子实验法:在系统上作局部实验,再根据实验结果不断进行分析修改,求得所需的模型结构.

人工现实法:基于对系统过去行为的了解和对未来希望达到的目标,并考虑到系统有关因素的可能变化,人为地组成一个系统.

1.2 大学生数学建模竞赛简介

1.2.1 全国大学生数学建模竞赛简介

全国大学生数学建模竞赛(以下简称竞赛)是教育部高等教育司和中国工业与应用数学学会共同主办的面向全国大学生的群众性科技活动,目的在于激励学生学习数学的积极性,提高学生建立数学模型和运用计算机技术解决实际问题的综合能力,鼓励广大学生踊跃参加课外科技活动,开拓知识面,培养创造精神及合作意识,推动大学数学教学体系、教学内容和方法的改革.

竞赛题目一般来源于工程技术和管理科学等方面经过适当简化加工的实际问题,不要求参赛者预先掌握深入的专门知识,只需要学过普通高校的数学课程完成一篇包括模型的假设、建立和求解,计算方法的设计和计算机实现,结果的分析和检验,模型的改进等方面的论文(即答卷).竞赛评奖以假设的合理性、建模的创造性、结果的正确性和文字表述的清晰程度为主要标准.

1. 竞赛形式、规则和纪律

全国统一竞赛题目,采取通信竞赛方式,以相对集中的形式进行;竞赛每年举办一次,一般在某个周末前后的三天内举行;大学生以队为单位参赛,每队3人(须属于同一所学校),专业不限.竞赛分本科、专科两组进行,本科生参加本科组竞赛,专科生参加专科组竞赛(也可参加本科组竞赛),研究生不得参赛.每队可设一名指导教师(或教师组),从事赛前辅导和参赛的组织工作,但在竞赛期间必须回避参赛队员,不得进行指导或参与讨论,否则按违反纪律处理.竞赛期间,参赛队员可以使用各种图书资料、计算机和软件,在国际互联网上浏览,但不得与队外任何人(包括在网上)讨论.竞赛开始后,赛题将公布在指定的网址供参赛队下载,参赛队在规定时间内完成答卷,并准时交卷.

2. 竞赛的组织形式

竞赛由全国大学生数学建模竞赛组织委员会(以下简称全国组委会)主持,负责每年发动报名、拟定赛题、组织全国优秀答卷的复审和评奖、印制获奖证书、举办全国颁奖仪式等.竞赛分赛区组织进行,原则上一个省(自治区、直辖市)为一个赛区,每个赛区应至少有6所院校的20个队参加.邻近的省可以合并成立一个赛区.每个赛区建立组织委员会(以下简称赛区组委会),负责本赛区的宣传发动及报名、监督竞赛纪律和组织评阅答卷等工作,未成立赛区的各省院校的参赛队可直接向全国组委会报名参赛.

3. 评奖办法

各赛区组委会聘请专家组成评阅委员会,评选本赛区的一等、二等奖(也可增设三等奖),获奖比例一般不超过三分之一,其余凡完成合格答卷者均可获得成功参赛证书.

各赛区组委会按全国组委会规定的数量将本赛区的优秀答卷送全国组委会.全国组委会聘请专家组成全国评阅委员会,按统一标准从各赛区送交的优秀答卷中评选出全国一等奖、二等奖.全国与各赛区的一等奖、二等奖均颁发获奖证书.对违反竞赛规则的参赛队,一经发现,即取消参赛资格,成绩无效.对所在院校予以警告、通报,直至取消该校下一年度参赛资格.对违反评奖工作规定的赛区,全国组委会不承认其评奖结果.

4. 比赛时间

每年9月份,具体时间以竞赛网站发布为准.

5. 竞赛题目发布

全国大学生数学建模竞赛网、中国大学生在线、高等教育出版社、中国高校数学建模课程中心、中国数模等网站发布竞赛题目,报名参赛、论文提交通过中国知网进行.

1.2.2 美国大学生数学建模竞赛简介

美国大学生数学建模竞赛(MCM/ICM,含交叉学科竞赛)是由美国自然科学基金协会和美国数学与数学应用协会共同主办,美国运筹学学会、工业与应用数学学会、数学学会等多家国际机构协办的唯一一项国际性建模竞赛.竞赛要求3名以下本科未毕业学生在4天时间内用数学建模及其他知识解决一个具体的社会工程问题,用英语提交论文.

美国大学生数学建模竞赛是世界范围内最具影响力的数学建模竞赛,赛题内容涉及经济、管理、环境、资源、生态、医学、安全等众多领域,可体现参赛选手研究问题、解决方案的能力及团队合作精神,为现今各类数学建模竞赛之鼻祖.

1. 赛题类型

美国大学生数学建模竞赛分为两种类型:MCM(Mathematical Contest In Modeling)和ICM(Interdisciplinary Contest In Modeling).两种类型竞赛采用统一标准进行,竞赛题目出来之后,参数队伍通过美赛官网进行选题,一共分为6种题型,见表附1.1.

表附1.1 美国大学生数学建模竞赛题型

MCM		ICM	
A	连续型	D	运筹学/网络科学
B	离散型	E	环境科学
C	大数据	F	政策

2. 奖项设置与各奖项的占比

美国大学生数学建模竞赛奖项设置与各奖项的占比见表附1.2.

表附 1.2　美国大学生数学建模竞赛奖项设置及占比

奖项英文名称	译名	2019 年获奖比例	简称
Outstanding Winner	特等奖	0.14%	O 奖
Finalist	特等奖提名	0.17%	F 奖
Meritorious Winner	优异奖(一等奖)	7.09%	M 奖
Honorable Mention	荣誉奖(二等奖)	15.35%	H 奖
Successful Participant	成功参与奖	67.50%	S 奖
UnsuccessfulParticipant	不成功参赛	不计入统计	U 奖
Disqualified	资格取消	不计入统计	

3. 比赛时间

美国大学生数学建模竞赛的比赛时间一般定在每年 2 月初,需要通过官方网站报名,而且需要有固定的指导教师．一般各大高校均会组织感兴趣的同学进行赛前培训以及报名、交费等事宜．

4. 竞赛题目发布网址

竞赛题目发布网址为 https://www.comap.com/．

1.3　应用 LINGO 建立数学模型的例子

1.3.1　问题描述

2004 年全国大学生数学建模竞赛 D 题

我国公务员制度已实施多年,1993 年 10 月 1 日颁布施行的《国家公务员暂行条例》规定:"国家行政机关录用担任主任科员以下的非领导职务的国家公务员,采用公开考试、严格考核的办法,按照德才兼备的标准择优录用．"目前,我国招聘公务员的程序一般分三步进行:公开考试(笔试)、面试考核、择优录取．

现有某市直属单位因工作需要,拟向社会公开招聘 8 名公务员,具体的招聘办法和程序如下:

(一) 公开考试:凡是年龄不超过 30 周岁,大学专科以上学历,身体健康者均可报名参加考试,考试科目有综合基础知识、专业知识和"行政职业能力测验"三个部分,每科满分为 100 分．根据考试总分的高低排序按 1:2 的比例(共 16 人)选择进入第二阶段的面试考核．

(二) 面试考核:面试考核主要考核应聘人员的知识面、对问题的理解能力、应变能力、表达能力等综合素质．按照一定的标准,面试专家组对每个应聘人员的各个方面都给出一个等级评分,从高到低分成 A,B,C,D 四个等级,具体结果见表附 1.3 所示．

(三) 由招聘领导小组综合专家组的意见、笔初试成绩以及各用人部门需求确定录用名单,并分配到各用人部门．

该单位拟将录用的 8 名公务员安排到所属的 7 个部门,并且要求每个部门至少安排一名公务员．这 7 个部门按工作性质可分为四类,即行政管理、技术管理、行政执法、公共事业,见表附 1.3 所示.

招聘领导小组在确定录用名单的过程中,本着公平、公开的原则,同时考虑录用人员的合理分配和使用,有利于发挥个人的特长和能力.招聘领导小组将 7 个用人单位的基本情况(包括福利待遇、工作条件、劳动强度、晋升机会和学习深造机会等)和四类工作对聘用公务员的具体条件的希望达到的要求都向所有应聘人员公布(见表附 1.4).每一位参加面试的人员都可以申报两个工作类别志愿(表附 1.3).请研究下列问题:

(1) 如果不考虑应聘人员的意愿,择优按需录用,试帮助招聘领导小组设计一种录用分配方案.

(2) 在考虑应聘人员意愿和用人部门的希望要求的情况下,请你帮助招聘领导小组设计一种分配方案.

(3) 你的方法对于一般情况,即 N 个应聘人员 M 个用人单位时,是否可行?

(4) 你认为上述招聘公务员过程还有哪些地方值得改进?给出你的建议.

表附 1.3 招聘公务员笔试成绩,专家面试评分及个人志愿

应聘人员	笔试成绩	申报类别志愿		专家组对应聘者特长的等级评分			
				知识面	理解能力	应变能力	表达能力
人员 1	290	(2)	(3)	A	A	B	B
人员 2	288	(3)	(1)	A	B	A	C
人员 3	288	(1)	(2)	B	A	D	C
人员 4	285	(4)	(3)	A	B	B	B
人员 5	283	(3)	(2)	B	A	B	C
人员 6	283	(3)	(4)	B	D	A	B
人员 7	280	(4)	(1)	A	B	C	B
人员 8	280	(2)	(4)	B	A	A	C
人员 9	280	(1)	(3)	B	B	A	B
人员 10	280	(3)	(1)	D	B	A	C
人员 11	278	(4)	(2)	D	C	B	A
人员 12	277	(3)	(4)	A	B	C	A
人员 13	275	(2)	(1)	B	C	D	A
人员 14	275	(1)	(3)	D	B	A	B
人员 15	274	(1)	(4)	A	B	C	B
人员 16	273	(4)	(1)	B	A	C	A

表附 1.4 用人部门的基本情况及对公务员的期望要求

用人部门	工作类别	各用人部门的基本情况					各部门对公务员特长的希望达到的要求			
		福利待遇	工作条件	劳动强度	晋升机会	深造机会	知识面	理解能力	应变能力	表达能力
部门 1	(1)	优	优	中	多	少	B	A	C	A
部门 2	(2)	中	优	大	多	少	A	B	B	C
部门 3	(2)	中	优	中	少	多				

(续)

用人部门	工作类别	各用人部门的基本情况					各部门对公务员特长的希望达到的要求			
		福利待遇	工作条件	劳动强度	晋升机会	深造机会	知识面	理解能力	应变能力	表达能力
部门4	(3)	优	差	大	多	多	C	C	A	A
部门5	(3)	优	中	中	中	中				
部门6	(4)	中	中	中	中	多	C	B	B	A
部门7	(4)	优	中	大	少	多				

1.3.2 问题的背景与分析

目前,随着我国改革开放的不断深入和《国家公务员暂行条例》的颁布实施,几乎所有的国家机关和各省、市政府机关,以及公共事业单位等都公开面向社会招聘公务员或工作人员,尤其是面向大中专院校毕业生的招聘活动非常普遍. 一般都是采取"初试+复试+面试"的择优录取方法,根据用人单位的工作性质,复试和面试在招聘录取工作中占有突出的地位. 同时注意到,虽然学历能反映一个人的素质和水平,但不能完全反映一个人的综合能力. 对每个人来说,一般都各有所长,为此,如何针对应聘人员的基本素质、个人的特长和兴趣爱好,择优录用一些综合素质好、综合能力强、热爱本职工作、有专业特长的专门人才充实公务员队伍,把好人才的入口关,这在现实工作中是非常值得研究的问题.

在招聘公务员的复试过程中,如何根据专家组的意见、应聘者的不同条件和用人部门的需求做出合理的录用分配方案,是首先需要解决的问题. 当然,"多数原则"是常用的一种方法,但是,在这个问题上"多数原则"未必一定是"最好"的,因为这里有一个共性和个性的关系问题,不同的人有不同的看法和选择,如何兼顾各方面的意见是值得研究的问题.

对于问题(1),在不考虑应聘人员的个人意愿的情况下,择优按需录用 8 名公务员. "择优"就是综合考虑所有应聘者的初试和复试的成绩来选优;"按需"就是根据用人部门的需求,即各用人部门对应聘人员的要求和评价来选择录用. 而这里复试成绩没有明确给定具体分数,仅仅是专家组给出的主观评价分,为此,首先应根据专家组的评价给出一个复试分数,然后,综合考虑初试、复试分数和用人部门的评价来确定录取名单,并按需分配给各用人部门.

对于问题(2),在充分考虑应聘人员的个人意愿的情况下,择优录用 8 名公务员,并按需求分配给 7 个用人部门. 公务员和用人部门的基本情况都是透明的,在双方都是相互了解的前提下为双方做出选择方案. 事实上,每一个部门对所需人才都有一个期望要求,即可以认为每一个部门对每一个要聘用的公务员都有一个实际的"满意度";同样,每一个公务员根据自己意愿对各部门也都有一个期望"满意度",由此根据双方的"满意度",选取使双方"满意度"最大的录用分配方案.

对于问题(3),将问题(1)和问题(2)的方法直接推广到一般情况就可以了.

1.3.3 模型的假设与符号说明

1. 模型的假设

(1) 专家组对应聘者的评价是公正的.
(2) 题中所给各部门和应聘者的相关数据都是透明的,即双方都是知道的.
(3) 应聘者的4项特长指标在综合评价中的地位是等同的.
(4) 用人部门的五项基本条件对公务员的影响地位是同等的.

2. 符号说明

a_i 表示第 i 个应聘者的初试得分;b_i 表示第 i 个应聘者的复试得分;c_i 表示第 i 个应聘者的最后综合得分;s_{ij} 表示第 j 个部门对第 i 个应聘者的综合满意度;t_{ij} 表示第 i 个应聘者对第 j 个部门的综合满意度;st_{ij} 表示第 i 个应聘者与第 j 部门的相互综合满意度;其中 $i=1,2,\cdots,16; j=1,2,\cdots,7$.

1.3.4 模型的准备

1. 应聘者复试成绩的量化

首先,对专家组所给出的每一个应聘者4项条件的评分进行量化处理,从而给出每个应聘者的复试得分. 注意到,专家组对应聘者的4项条件评分为A,B,C,D四个等级, 不妨设相应的评语集为{很好,好,一般,差},对应的数值为5,4,3,2. 根据实际情况取模糊数学中的偏大型柯西分布隶属函数

$$f(x)=\begin{cases}[1+\alpha(x-\beta)^{-2}]^{-1}, & 2\leqslant x\leqslant 3,\\ a\ln x+b, & 3\leqslant x\leqslant 5,\end{cases} \qquad (\text{附}1.1)$$

其中 α,β,a,b 为待定常数. 实际上,当评价为"很好"时,隶属度为1,即 $f(5)=1$;当评价为"一般"时,隶属度为0.8,即 $f(3)=0.8$;当评价为"差"时,隶属度为0.55,即 $f(2)=0.55$. 于是,可以确定出 $\alpha=1.249913, \beta=0.7640101, a=0.391523, b=0.369868$. 将其代入式(附1.1)可得隶属函数为

$$f(x)=\begin{cases}[1+1.249913(x-0.7640101)^{-2}]^{-1}, & 2\leqslant x\leqslant 3,\\ 0.391523\ln x+0.369868, & 3\leqslant x\leqslant 5,\end{cases}$$

其图形如图附1.1所示.

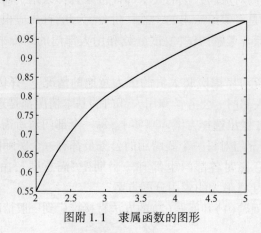

图附1.1 隶属函数的图形

经计算得 $f(4)=0.9126$,则专家组对应聘者各单项指标的评价 $\{A,B,C,D\}=\{$很好,好,一般,差$\}$的量化值为$\{1,0.9126,0.8,0.55\}$。依据表附 1.3 的数据可以得到专家组对每一个应聘者的 4 项条件的评价指标值。例如,专家组对第 1 个应聘者的评价为(A,A,B,B),则其指标量化值为(1,1,0.9126,0.9126)。专家组对 16 个应聘者都有相应的评价量化值,即得到一个评价矩阵,记为 $\boldsymbol{R}=(r_{ij})_{16\times 4}$。由假设(3),应聘者的 4 项条件在综合评价中的地位是同等的,则 16 个应聘者的综合复试得分可以表示为

$$b_i = \frac{1}{4}\sum_{j=1}^{4} r_{ij}, i=1,2,\cdots,16.$$

经计算,16 名应聘者的复试分数见表附 1.5 所示。

表附 1.5 应聘者的综合复试成绩

应聘者	1	2	3	4	5	6	7	8
复试分数	0.9563	0.9282	0.8157	0.9345	0.9063	0.8438	0.9063	0.9282
应聘者	9	10	11	12	13	14	15	16
复试分数	0.9345	0.8157	0.8157	0.9282	0.8157	0.8438	0.9063	0.9063

计算的 LINGO 程序如下:

```
model:
sets:
num/1..16/:bb;
item/1..4/;
link1(num,item):d,r;
depart/1..7/;
endsets
data:
d=@file(Ldata1271.txt); !读入复试成绩,其中 A,B,C,D 分别替换为 5,4,3,2;
@text(Ldata1275.txt)=bb; !把复试综合分数保存起来供下面使用;
enddata
submodel canshu:
(1+alpha*(3-beta)^(-2))^(-1)=0.8;
(1+alpha*(2-beta)^(-2))^(-1)=0.55;
a*@log(5)+b=1;
a*@log(3)+b=0.8;
@free(a);@free(b);
endsubmodel
calc:
@solve(canshu);
f4=a*@log(4)+b;
@write('f4=',@format(f4,'6.4f'),@newline(1));
@for(link1:@ifc(d#ge#2 #and# d#le#3:r=(1+alpha*(d-beta)^(-2))^(-1);
@else r=a*@log(d)+b));
@for(num(i):bb(i)=@sum(item(j):r(i,j))/4);
@write('复试综合分数如下:',@newline(1));
```

@writefor(num:@format(bb,'9.4f'));@write(@newline(1));
@solve();!LINGO 输出滞后,不加该语句,bb 没有真正输出到 Ldata1275.txt 中;
endcalc
end

2. 初试分数与复试分数的规范化

为了便于将初试分数与复试分数做统一的比较,首先分别用极差规范化方法作相应的规范化处理. 初试得分的规范化:

$$\widetilde{a}_i = \frac{a_i - \min\limits_{1\leq i\leq 16} a_i}{\max\limits_{1\leq i\leq 16} a_i - \min\limits_{1\leq i\leq 16} a_i} = \frac{a_i - 273}{290 - 273}, \quad i = 1, 2, \cdots, 16.$$

复试得分的规范化:

$$\widetilde{b}_i = \frac{b_i - \min\limits_{1\leq i\leq 16} b_i}{\max\limits_{1\leq i\leq 16} b_i - \min\limits_{1\leq i\leq 16} b_i} = \frac{b_i - 0.8157}{0.9563 - 0.8157}, \quad i = 1, 2, \cdots, 16.$$

经计算可以得到具体的结果.

3. 确定应聘人员的综合分数

不同的用人单位对待初试和复试成绩的重视程序可能会不同,在这里用参数 $\alpha(0<\alpha<1)$ 表示用人单位对初试成绩的重视程度的差异,即取初试分数和复试分数的加权和作为应聘者的综合分数,则第 i 个应聘者的综合分数为

$$c_i = \alpha\widetilde{a}_i + (1-\alpha)\widetilde{b}_i, \quad 0<\alpha<1; i = 1, 2, \cdots, 16.$$

由实际数据,取适当的参数 $\alpha(0<\alpha<1)$ 可以计算出每一个应聘者的最后综合得分,根据实际需要可以分别对 $\alpha=0.4, 0.5, 0.6, 0.7$ 来计算. 在这里不妨取 $\alpha=0.5$,则可以得到 16 名应聘人员的综合得分及排序见表附 1.6 所示.

表附 1.6 应聘者的综合得分及排序

应聘者	1	2	3	4	5	6	7	8
综合分数	1.0000	0.8411	0.4412	0.7753	0.6164	0.3942	0.5281	0.6058
排序	1	2	9	3	5	10	7	6
应聘者	9	10	11	12	13	14	15	16
综合分数	0.6282	0.2059	0.1471	0.5176	0.0588	0.1589	0.3517	0.3223
排序	4	13	15	8	16	14	11	12

计算的 LINGO 程序如下:

```
model:
sets:
num/1..16/:a,b,ab,bb,c,d,rankc;
item/1..4/;
link1(num,item);
depart/1..7/;
endsets
data:
a=@file(Ldata1272.txt);!读入初试成绩;
```

```
b=@file(Ldata1275.txt);!读入复试综合分数;
@text(Ldata1276.txt)=c;!输出综合得分,供下面使用;
enddata
calc:
da=@max(num:a);!求初试成绩的最大值;
xa=@min(num:a);!求初试成绩的最小值;
db=@max(num:b); xb=@min(num:b);
@for(num:ab=(a-xa)/(da-xa));!初试成绩数据规范化;
@for(num:bb=(b-xb)/(db-xb));!复试综合分数规范化;
@for(num:c=(ab+bb)/2;d=-c);!计算综合得分;
rankc=@rank(d);!求从大到小排序位置;
endcalc
end
```

1.3.5 模型的建立与求解

问题(1)

首先注意到,作为用人单位一般不会太看重应聘人员之间初试分数的少量差异,可能更注重应聘者的特长,因此,用人单位评价一个应聘者主要依据四个方面特长.根据每个用人部门的期望要求条件和每个应聘者的实际条件(专家组的评价)的差异,每个用人部门客观地对每个应聘者都存在一个相应的评价指标,或称为"满意度".

从心理学的角度来分析,每一个用人部门对应聘者的每一项指标都有一个期望"满意度",即反映用人部门对某项指标的要求与应聘者实际水平差异的程度.通常认为用人部门对应聘者的某项指标的满意程序可以分为"很不满意、不满意、不太满意、基本满意、比较满意、满意、很满意"七个等级,即构成了评语集 $V=\{v_1,v_2,\cdots,v_7\}$,并赋相应的数值 $1,2,\cdots,7$.

当应聘者的某项指标等级与用人部门相应的要求一致时,认为用人部门为基本满意,即满意程度为 v_4;当应聘者的某项指标等级比用人部门相应的要求高一级时,用人部门的满意度上升一级,即满意程度为 v_5;当应聘者的某项指标等级与用人部门相应的要求低一阶时,用人部门的满意度下降一级,即满意程度为 v_3;依次类推,可以得到用人部门对应聘者的满意程序的关系见表附1.7所示.由此可以计算出每一个用人部门对每一个应聘者各项指标的满意程序.例如,专家组对应聘者1的评价指标集为{A,A,B,B},部门1的期望要求指标集为{B,A,C,A},则部门1对应聘者1的满意程序为 $[v_5,v_4,v_5,v_3]$.

表附1.7 满意程序关系表

		应聘者指标等级			
		A	B	C	D
用人部门 要求等级	A	v_4	v_3	v_2	v_1
	B	v_5	v_4	v_3	v_2
	C	v_6	v_5	v_4	v_3
	D	v_7	v_6	v_5	v_4

为了得到"满意度"的量化指标,注意到,人们对不满意程序的敏感远远大于对满意程度的敏感,即用人部门对应聘者的满意程度降低一级可能导致用人部门极大的抱怨,但对满意程度增加一级只能引起满意程度的少量增长.根据这样一个基本事实,可以取近似的偏大型柯西分布隶属函数

$$f(x)=\begin{cases}[1+\alpha(x-\beta)^{-2}]^{-1}, & 1\leqslant x\leqslant 4,\\ a\ln x+b, & 4\leqslant x\leqslant 7,\end{cases}$$

其中 α,β,a,b 为待定常数.实际上,当"很满意"时,"满意度"的量化值为1,即 $f(7)=1$;当"基本满意"时,"满意度"的量化值为0.8,即 $f(4)=0.8$;当"很不满意"时,"满意度"的量化值为0.1,即 $f(1)=0.1$.于是,可以确定出 $\alpha=3.24,\beta=0.4,a=0.3574,b=0.3046$,故

$$f(x)=\begin{cases}[1+3.24(x-0.4)^{-2}]^{-1}, & 1\leqslant x\leqslant 4,\\ 0.3574\ln x+0.3046, & 4\leqslant x\leqslant 7.\end{cases}$$

经计算得 $f(2)=0.4414, f(3)=0.676, f(5)=0.8797, f(6)=0.9449$,则用人部门对应聘者各单项指标的评语集 $\{v_1,v_2,v_3,v_4,v_5,v_6,v_7\}$ 的量化值为 $\{0.1,0.4414,0.676,0.8,0.8797,0.9491\}$.根据专家组对16名应聘者四项特长评分(表附1.3)和7个部门的期望要求(表附1.4),可以分别计算出第 j 个部门对第 i 个应聘者的各单项指标的满意度的量化值,分别记为

$$[s_{ij}^{(1)}, s_{ij}^{(2)}, s_{ij}^{(3)}, s_{ij}^{(4)}], \quad i=1,2,\cdots,16; j=1,2,\cdots,7.$$

例如,用人部门1对应聘人员1的单项指标的满意程度为 $[v_5,v_4,v_5,v_3]$,其量化值为

$$[s_{11}^{(1)}, s_{11}^{(2)}, s_{11}^{(3)}, s_{11}^{(4)}]=[0.8797, 0.8, 0.8797, 0.676].$$

由假设(3),应聘者的四项特长指标在用人部门对应聘者的综合评价中有同等的地位,为此可取第 j 个部门对第 i 个应聘者的综合评分为

$$s_{ij}=\frac{1}{4}\sum_{k=1}^{4}s_{ij}^{(k)}, \quad i=1,2,\cdots,16; j=1,2,\cdots,7. \tag{附1.2}$$

具体计算结果见表附1.8所示.

表附1.8　各用人部门对应聘者的综合评分

		用人部门						
		1	2	3	4	5	6	7
应聘者	1	0.8089	0.8399	0.8399	0.8105	0.8105	0.8252	0.8252
	2	0.7355	0.8199	0.8199	0.7665	0.7665	0.7665	0.7665
	3	0.6793	0.6993	0.6993	0.5915	0.5915	0.6606	0.6606
	4	0.7779	0.8199	0.8199	0.7942	0.7942	0.8052	0.8052
	5	0.7303	0.7889	0.7889	0.7355	0.7355	0.7502	0.7502
	6	0.6302	0.7192	0.7192	0.7579	0.7579	0.7192	0.7192
	7	0.7579	0.7889	0.7889	0.7355	0.7355	0.7742	0.7742
	8	0.7466	0.8089	0.8089	0.7665	0.7665	0.7702	0.7702
	9	0.7742	0.8089	0.8089	0.8089	0.8089	0.8089	0.8089
	10	0.6259	0.6449	0.6449	0.6993	0.6993	0.6993	0.6993

(续)

		用人部门						
		1	2	3	4	5	6	7
应聘者	11	0.6406	0.6302	0.6302	0.7380	0.7380	0.7380	0.7380
	12	0.7889	0.8052	0.8052	0.7665	0.7665	0.8052	0.8052
	13	0.6793	0.6846	0.6846	0.6449	0.6449	0.6993	0.6993
	14	0.6846	0.6649	0.6649	0.7579	0.7579	0.7579	0.7579
	15	0.7579	0.7889	0.7889	0.7355	0.7355	0.7742	0.7742
	16	0.7303	0.7889	0.7889	0.7355	0.7355	0.7502	0.7502

根据"择优按需录用"的原则来确定录用分配方案."择优"就是选择综合分数较高者,"按需"就是录取分配方案使得用人单位的评分尽量高. 为此,建立如下的0-1整数规划模型求录取及分配方案.

引进 0-1 变量

$$x_{ij} = \begin{cases} 1, & \text{第} j \text{个部门录用第} i \text{个招聘者,} \\ 0, & \text{第} j \text{个部门不录用第} i \text{个招聘者,} \end{cases} \quad i=1,2,\cdots,16; j=1,2,\cdots,7.$$

建立如下的0-1整数规划模型:

$$\max z = \sum_{i=1}^{16} \sum_{j=1}^{7} (c_i + s_{ij}) x_{ij},$$

$$\text{s.t.} \begin{cases} \sum_{i=1}^{16} \sum_{j=1}^{7} x_{ij} = 8, \\ \sum_{j=1}^{7} x_{ij} \leq 1, \quad i=1,2,\cdots,16, \\ 1 \leq \sum_{i=1}^{16} x_{ij} \leq 2, \quad j=1,2,\cdots,7, \\ x_{ij} = 0 \text{ 或 } 1, \quad i=1,2,\cdots,16; j=1,2,\cdots,7. \end{cases} \quad (\text{附}1.3)$$

其中第1个约束条件是当且仅当录取8名应聘者,第2个约束条件是限制一个应聘者仅允许分配一个部门,第3个约束条件是保证每一个用人部门至少录用1名、至多录用2名应聘者.

利用 LINGO 软件可以求得录用分配方案,求得的结果见表附1.9所示.

表附 1.9 录用的应聘者及分配方案

录用的应聘者	1	2	4	5	7	8	9	12
录用部门	6	2	4	2	1	3	5	7
应聘者综合分数	1	0.8411	0.7753	0.6164	0.5281	0.6058	0.6282	0.5176
部门对应聘者评分	0.8252	0.8199	0.7942	0.7889	0.7579	0.8089	0.8089	0.8052

计算的 LINGO 程序如下:

```
model:
sets:
```

```
num/1..16/:cc;
item/1..4/;
link1(num,item):c;
rank/1..7/:fx;
depart/1..7/;
link2(depart,item):d;
link3(num,depart):s,x;
link4(num,depart,item):cd,fk;
endsets
data:
c=@file(Ldata1271.txt); !读入应聘者特长等级评分;
d=@file(Ldata1273.txt); !读入部门对公务员特长的期望要求,把5行数据扩充为7行,并数值化;
cc=@file(Ldata1276.txt); !读入应聘者的综合得分;
@text(Ldata1277.txt)=s; !供下面计算引用;
@ole(Ldata1278.xlsx,A1:G16)=s; !便于作表,把数据输出到 Excel 文件中;
enddata
submodel canshu:
(1+alpha*(4-beta)^(-2))^(-1)=0.8;
(1+alpha*(1-beta)^(-2))^(-1)=0.1;
a*@log(7)+b=1;
a*@log(4)+b=0.8;
endsubmodel
calc:
@solve(canshu);
@for(rank(i)|i#le#4:fx(i)=(1+alpha*(i-beta)^(-2))^(-1));
@for(rank(i)|i#gt#4:fx(i)=a*@log(i)+b);
@write('用人部门对应聘者各单项指标的量化值如下:',@newline(1));
@writefor(rank:@format(fx,'8.4f')); @write(@newline(2));
@for(link4(i,j,k):cd(i,j,k)=c(i,k)-d(j,k)+4); !计算满意程度关系;
@for(link4:@ifc(cd#le#4:fk=(1+alpha*(cd-beta)^(-2))^(-1); !计算满意程度量化值;
@else fk=a*@log(cd)+b));
@for(link3(i,j):s(i,j)=@sum(item(k):fk(i,j,k))/4); !计算部门j对应聘者i的满意程度;
@write('各用人部门对应聘者的综合评分如下:',@newline(1));
@writefor(num(i):@writefor(depart(j):@format(s(i,j),'8.4f')),@newline(1));
@write(@newline(2));
endcalc
max=@sum(link3(i,j):(cc(i)+s(i,j))*x(i,j));
@sum(link3:x)=8;
@for(num(i):@sum(depart(j):x(i,j))<=1);
@for(depart(j):1<=@sum(num(i):x(i,j)); @sum(num(i):x(i,j))<=2);
@for(link3:@bin(x));
calc:
```

```
@set('terseo',1);!设置成较小的屏幕输出格式;
@solve();!LINGO输出滞后,这里再加一个求解主模型;
@write('录取的对应关系如下:',@newline(1));
@for(link3(i,j):@ifc(x(i,j)#eq#1:@write(i,'被',j,'部门录用,',i,'的综合分数为',@format(cc
(i),'6.4f'),
',',j,'对',i,'的评分为',@format(s(i,j),'6.4f'),@newline(1))));
endcalc
end
```

问题(2)

在充分考虑应聘人员的意愿和用人部门的期望要求的情况下,寻求更好的录用分配方案. 应聘人员的意愿有两个方面,即对用人部门的工作类别的选择意愿和对用人部门的基本情况的看法,可用应聘人员对用人部门的综合满意度来表示;用人部门对应聘人员的期望要求也用满意度来表示. 一个好的录用分配方案应该使得二者的满意度都尽量高.

1) 确定用人部门对应聘者的满意度

用人部门对所有应聘人员的满意度与问题(1)中的式(附1.2)相同,即第 j 个部门对第 i 个应聘人员的4项条件的综合评价满意度为

$$s_{ij} = \frac{1}{4}\sum_{k=1}^{4} s_{ij}^{(k)}, \quad i = 1,2,\cdots,16; j = 1,2,\cdots,7.$$

2) 确定应聘者对用人部门的满意度

应聘者对用人部门的满意度主要与用人部门的基本情况有关,同时考虑到应聘者所喜好的工作类别,在评价用人部门时一定会偏向于自己的喜好,即工作类别也是决定应聘者选择部门的一个因素. 影响应聘者对用人部门的满意度有五项指标:福利待遇、工作条件、劳动强度、晋升机会和深造机会.

对工作类别来说,主要看是否符合自己想从事的工作,符合第一、二志愿的分别为满意和基本满意,不符号志愿的为不满意,即{满意,基本满意,不满意}构成了评语集,并赋相应的数值{1,2,3}. 实际中根据人们对待工作类别志愿的敏感程度的心里变化,在这里取隶属函数为 $f(x) = b\ln(a-x)$,并要求 $f(1) = 1, f(3) = 0$,即符合第一志愿时满意度为1,不符合任一个志愿时满意度为0,简单计算解得 $a = 4, b = 0.9102$,即 $f(x) = 0.9102\ln(4-x)$. 于是当用人部门的工作类别符合应聘者的第二志愿时的满意度为 $f(2) = 0.6309$,即得到评语集{满意,基本满意,不满意}的量化值为{1,0.6309,0}. 这样每一个应聘者对每一个用人部门都有一个满意度权值 $w_{ij}(i=1,2,\cdots,16; j=1,2,\cdots,7)$,即满足第一志愿时取权为1,满足第二志愿时取权值为0.6309,不满足志愿时取权值为0.

对于反映用人部门基本情况的五项指标都可分为"优中差"或"小中大""多中少"三个等级,应聘者对各部门的评语集也分为三个等级,即{满意,基本满意,不满意},类似于上面确定用人部门对应聘者的满意度的方法.

首先确定用人部门基本情况的客观指标值,应聘者对7个部门的五项指标中的"优、小、多"级别认为很满意,其隶属度为1;"中"级别认为满意,其隶属度为0.6;"差、大、少"级别认为不满意,其隶属度为0.1. 由表附1.4的实际数据可得应聘者对每个部门的各单项指标的满意度量化值,即用人部门的客观水平的评价值 $\widetilde{T}_j = [\tilde{t}_{1j}, \tilde{t}_{2j}, \tilde{t}_{3j}, \tilde{t}_{4j}, \tilde{t}_{5j}] (j=1, 2,\cdots,7)$,具体结果见表附1.10所示.

表附1.10 用人部门的基本情况的量化指标

	部门1	部门2	部门3	部门4	部门5	部门6	部门7
指标1	1	0.6	0.6	1	1	0.6	1
指标2	1	1	1	0.1	0.6	0.6	0.6
指标3	0.6	0.1	0.6	0.1	0.6	0.6	0.1
指标4	1	1	0.1	1	0.6	0.6	0.1
指标5	0.1	0.1	1	1	0.6	1	1

于是,每一个应聘者对每一个部门的五个单项指标的满意度应为该部门的客观水平评价值与应聘者对该部门的满意度权值 $w_{ij}(i=1,2,\cdots,16;j=1,2,\cdots,7)$ 的乘积,即

$$\overline{T}_{ij} = w_{ij} \cdot [\tilde{t}_{1j}, \tilde{t}_{2j}, \tilde{t}_{3j}, \tilde{t}_{4j}, \tilde{t}_{5j}] = [t_{ij}^{(1)}, t_{ij}^{(2)}, t_{ij}^{(3)}, t_{ij}^{(4)}, t_{ij}^{(5)}], \quad i=1,2,\cdots,16;j=1,2,\cdots,7.$$

例如,应聘者1对部门5的单项指标的满意度为

$$\overline{T}_{15} = [t_{15}^{(1)}, t_{15}^{(2)}, t_{15}^{(3)}, t_{15}^{(4)}, t_{15}^{(5)}] = 0.6309 \cdot [1, 0.6, 0.6, 0.6, 0.6]$$
$$= [0.6309, 0.3785, 0.3785, 0.3785, 0.3785].$$

由假设(3),用人部门的五项指标在应聘者对用人部门的综合评价中有同等的地位,为此可取第 i 个应聘者对第 j 个部门的综合评价满意度为

$$t_{ij} = \frac{1}{5} \sum_{k=1}^{5} t_{ij}^{(k)}, \quad i=1,2,\cdots,16;j=1,2,\cdots,7. \tag{附1.4}$$

3) 确定双方的相互综合满意度

根据上面的讨论,每一个用人部门与每一个应聘者之间都有相应的单方面的满意度,双方的相互满意度应由各自的满意度来确定,在此,取双方各自满意度的几何平均值为双方相互综合满意度,即

$$st_{ij} = \sqrt{s_{ij} \cdot t_{ij}}, \quad i=1,2,\cdots,16;j=1,2,\cdots,7.$$

4) 确定合理的录用分配方案

最优的录用分配方案应该是使得所有用人部门和录用的公务员之间的相互综合满意度之和最大.

引进0-1变量

$$x_{ij} = \begin{cases} 1, & \text{第}j\text{个部门录用第}i\text{个招聘者}, \\ 0, & \text{第}j\text{个部门不录用第}i\text{个招聘者}, \end{cases} \quad i=1,2,\cdots,16;j=1,2,\cdots,7.$$

建立如下的0-1整数规划模型:

$$\max z = \sum_{i=1}^{16} \sum_{j=1}^{7} st_{ij} \cdot x_{ij},$$

$$\text{s.t.} \begin{cases} \sum_{i=1}^{16} \sum_{j=1}^{7} x_{ij} = 8, \\ \sum_{j=1}^{7} x_{ij} \leq 1, \quad i=1,2,\cdots,16, \\ 1 \leq \sum_{i=1}^{16} x_{ij} \leq 2, \quad j=1,2,\cdots,7, \\ x_{ij} = 0 \text{ 或 } 1, \quad i=1,2,\cdots,16;j=1,2,\cdots,7. \end{cases} \tag{附1.5}$$

利用LINGO软件可以求得录用分配方案,求得的结果见表附1.11所示,总满意度 $z = 5.7442$.

表附1.11 最终的录用分配方案

应聘者序号	1	2	4	7	8	9	12	15
部门序号	3	4	6	7	2	1	5	1
综合满意度	0.7445	0.7004	0.74	0.6585	0.673	0.7569	0.722	0.7489

计算的LINGO程序如下:

```
model:
sets:
num/1..16/:;
zhibiao/1..5/:;
depart/1..7/:;
link1(zhibiao,depart):tk;
link2(num,depart):w0,w,s,t,st,x;
link3(num,depart,zhibiao):tt;
endsets
data:
s=@file(Ldata1277.txt);!读入部门对应聘者的满意度;
tk=10.60.6110.61
1    1   10.10.60.60.6
0.60.10.60.10.60.60.1
1   10.110.60.60.1
0.1   0.1   1 10.611;!用人部门的基本情况的量化指标;
w0=3   1   1   2   2   3   3
2   3   3   1   1   3   3
1   2   2   3   3   4   4
3   3   3   2   2   1   1
3   2   2   1   1   3   3
3   3   3   1   1   2   2
2   3   3   3   3   1   1
3   1   1   3   3   2   2
1   3   3   2   2   3   3
2   3   3   1   1   3   3
2   3   3   3   3   1   1
3   3   3   1   1   2   2
2   1   1   3   3   3   3
1   3   3   2   2   3   2
1   3   3   3   2   2
2   3   3   3   1   1;   !招聘者申报志愿对应的7个部门的满意量化值;
enddata
calc:
```

```
@for(link2:@ifc(w0#eq#1:w=1;@else @ifc(w0#eq#2:w=0.6309;@else w=0)));!计算权重;
@for(link3(i,j,k):tt(i,j,k)=w(i,j)*tk(k,j));
@for(link2(i,j):t(i,j)=@sum(zhibiao(k):tt(i,j,k))/5);  !计算第i个应聘者对第j个部门的综合评价满意度;
@for(link2:st=@sqrt(s*t));  !计算相互综合满意度;
endcalc
max=@sum(link2:st*x);
@sum(link2:x)=8;
@for(num(i):@sum(depart(j):x(i,j))<=1);
@for(depart(j):1<=@sum(num(i):x(i,j));@sum(num(i):x(i,j))<=2);
@for(link2:@bin(x));
calc:
@solve();  !求主模型;
@write('录取的对应关系如下:',@newline(1));
@for(link2(i,j):@ifc(x(i,j)#eq#1:@write(i,'被',j,'部门录用,',
'双方相互综合满意度为',@format(st(i,j),'6.4f'),@newline(1))));
endcalc
end
```

问题(3)

对于 N 个应聘人员和 $M(M<N)$ 个用人单位的情况,上面的方法都是适用的,只是两个优化模型(1.3)和(1.5)的规模将会增大,但用 LINGO 软件求解一样方便.

附录 II 常用 LINGO 系统函数索引

一、运算符及其优先级

1. 算术运算符

+ 　　　　加法
− 　　　　减法或负号
* 　　　　乘法
/ 　　　　除法
^ 　　　　求幂(乘方)也叫乘方

2. 逻辑运算符

运算结果　　"1"(TRUE)和"0"(FALSE)

#AND#　　与:仅当两参数为1　结果为1　否则为0
#OR#　　或:仅当两参数为0时　结果为1　否则为0
#NOT#　　非:否定该操作数逻辑值,#NOT#是一个一元运算符
#EQ#　　等于:若两个运算数相等则为 true 否则为 false
#NE#　　不等于:当两个运算数不相等　则为1　否则为0
#GT#　　大于:左边运算符严格大于右边运算数　则为1　否则为0
#GE#　　大于等于:左边运算符大于或等于右边运算符　则为1　否则为0
LT#　　小于:左边运算符严格小于右边运算符　则为1　否则为0
#LE#　　小于等于:左边运算符小于等于右边运算符　则为1　否则为0

3. 关系运算符

< 　　　　即<=,小于等于
= 　　　　等于
> 　　　　即>=,大于等于

二、基本数学函数

在 LINGO 中建立优化模型时可以引用大量的内部函数,这些函数以"@"打头.

@ABS(X)　　绝对值函数,返回 X 的绝对值
@COS(X)　　余弦函数,返回 X 的余弦值(X 的单位是弧度)
@EXP(X)　　指数函数,返回的值(其中 e=2.718281...)
@FLOOR(X)　　取整函数,返回 X 的整数部分(向最靠近0的方向取整)
@LGM(X)　　返回 X 的伽玛(gamma)函数的自然对数值

(当 X 为整数时 LGM(X) = LOG(X-1)!；当 X 不为整数时,采用线性插值得到结果)

@LOG(X)　　自然对数函数,返回 X 的自然对数值
@MOD(X,Y)　 模函数,返回 X 对 Y 取模的结果
@POW(X,Y)　 指数函数,返回 XY 的值
@SIGN(X)　　符号函数,返回 X 的符号值(X < 0 时返回-1,X>=0 时返回+1)
@SIN(X)　　 正弦函数,返回 X 的正弦值(X 的单位是弧度)
@SMAX(list) 最大值函数,返回一列数(list)的最大值
@SMIN(list) 最小值函数,返回一列数(list)的最小值
@SQR(X)　　 平方函数,返回 X 的平方(即 X*X)的值
@SQRT(X)　　开平方函数,返回 X 的正的平方根的值
@TAN(X)　　 正切函数,返回 X 的正切值(X 的单位是弧度)

三、集合循环函数

@function(setname [(set_index_list)][| condition]] : expression_list);
其中:

function	集合函数名,FOR、MAX、MIN、PROD、SUM 之一
setname	集合名
set_index_list	集合索引列表(不需使用索引时可以省略)
condition	用逻辑表达式描述的过滤条件
expression_list	一个表达式(对@FOR 函数,可以是一组表达式)
@FOR	集合元素的循环函数,对集合 setname 的每个元素独立地生成表达式,表达式由 expression_list 描述
@MAX	集合属性的最大值函数,返回集合 setname. 上的表达式的最大值
@MIN	集合属性的最小值函数,返回集合 setname. 上的表达式的最小值
@PROD	集合属性的乘积函数,返回集合 setname. 上的表达式的积
@SUM	集合属性的求和函数,返回集合 setname. 上的表达式的和

四、集合操作函数

@IN(set_name, primitive_index_1 [, primitive_index_2..1)　判断一个集合中是否含有某个索引值. 如果集合 set_name 中包含由索引 primitive_index_1 [, primitive_index_2..1]所对应的元素,则返回 1(逻辑值"真"),否则返回 0(逻辑值"假"). 索引用"&1" "&2"或@INDEX 函数等形式给出,这里"&1"表示对应于第 1 个父集合的元素的索引值, " &2"表示对应于第 2 个父集合的元素的索引值

@INDEX([set_name,] primitive__set__element)　给出元素 primitive__set__ element 在 集合 set_name 中的索引值(即按定义集合时元素出现顺序的位置编号).省略 set_name,LINGO 按模型中定义的集合顺序找到第一个含有该元素的集合,并返回索引值.如果没有找到该元素,则出错. 注:set_name 的索引值是正整数且只能位于 1 和元素个数之间

@WRAP(I,N) 此函数对 N<1 无定义.当位于区间[1,N]内时直接返回 I;一般地,返回 J=I-K∗N,其中 J 位于区间[1,N],K 为整数.即@WRAP(I,N)=@MOD(I,N).但当@MOD(I,N)=0 时@WRAP(I,N)=N.此函数可以用来防止集合的索引值越界

@SIZE(set_name)　　返回数据集 set_name 中包含元素的个数

五、财务会计函数

@FPA(I,N)　　返回如下情形下总的净现值
@FPL(I,N)　　返回如下情形下总的净现值

六、变量定界函数

@BND(L,X,U)　　限制 L<= X<= U
@BIN(X)　　限制 X 为 0 或 1
@FREE(X)　　取消对 X 的符号限制
@GIN(X)　　限制 X 为整数

七、概率相关函数

@PSN(X)　　标准正态分布函数,即返回标准正态分布的分布函数在 X 点的取值
@PSL(X)　　标准正态线性损失函数,即返回 MAX(0, Z-X)的期望值,其中 Z 为标准正态随机变量
@PPS(A,X)　　Poisson 分布函数,即返回均值为 A 的 Poisson 分布的分布函数在 X 点的取值
@PPL(A,X)　　Poisson 分布的线性损失函数,即返回 MAX(0, Z-X)的期望值,其中 Z 为均值为 A 的 Poisson 随机变量
@PBN(P,N,X)　　二项分布函数,即返回参数为(N, P)的二项分布的分布函数在 X 点的取值(当 N 和(或) x 不是整数时采用线性插值进行计算)
@PHG(POP,G,N,X)　　超几何(Hypergeometric)分布的分布函数
@PEL(A,X)　　当到达负荷(强度)为 A,服务系统有 X 个服务器且不允许排队时的 Erlang 损失概率
@PEB(A,X)　　当到达负荷(强度)为 A,服务系统有 X 个服务器且允许无穷排队时的 Erlang 繁忙概率

@PFS(A,X,C)	当负荷上限为 A,顾客数为 C,并行服务器数量为 X 时,有限源的 Poisson 服务系统的等待或返修顾客数的期望值
@PFD(N,D,X)	自由度为 N 和 D 的 F 分布的分布函数在 X 点的取值
@PCX(N,X)	自由度为 N 的分布的分布函数在 X 点的取值
@PTD(N,X)	自由度为 N 的分布的分布函数在 X 点的取值
@QRAND(SEED)	返回 0 与 1 之间的多个拟均匀随机数
@RAND(SEED)	返回 0 与 1 之间的一个伪均匀随机数(SEED)为种子

八、文件输入输出函数

@FILE(flename)	当前模型引用其他 ASCII 码文件中的数据或文本时可以采用该语句
@ODBC	提供 LINGO 与 ODBC(Open Data Base Connection,开放式数据库连接)的接口
@OLE	提供 LINGO 与 OLE(Object Linking and Embeding)接口
@POINTER(N)	在 Windows 下使用 LINGO 的动态链接库 DLL,直接从共享的内存中传送数据
@TEXT('filename')	用于数据段中将解答结果送到文本文件 filename 中,当省略 filename 时,结果送到标准的输出设备

九、结果报告函数

@NAME(var_ _or_row_refernce)	返回变量名或行名
@NAME(var_ _or_ _row_ _refernce)	返回变量名或行名
@ITERSO	只能在程序的数据段使用,调用时不需要任何参数,返回 LINGO 求解器计算所使用的总迭代次数
@NEWLINE(n)	在输出设备上输出 n 个新行
@STRLEN(string)	返回字串"string"的长度,如@STRLEN(123)指返回值为 3
@WRITEFOR(setname[(set_index_list)] [	condition]:obj1[..., objn])	函数 @WRITE 在循环情况下的推广,输出集合上定义的属性对应的多个变量的取值
@WRITE(obj1[,... objn])	只能在数据段中使用,输出一系列结果(obj1,..., objn)
@RANGED(variable_or_ _row_name)	为了保持最优基不变,目标函数中变量的系数或约束行的右端项允许减少的量)
@RANGEU(variable_or_row_name)	为了保持最优基不变,目标函数中变量的系数或约束行的右端项允许增加的量
@STATUS0	返回 LINGO 求解模型结束后的最后状态: 0 Global Optimum(全局最优) 1 Infeasible(不可行)

2 Unbounded（无界）
3 Undetermined（不确定）
4 Interrupted（用户人为终止了程序的运行）
5 Infeasible or Unbounded（通常需要关闭"预处理"选项后重新求解模型，以确定究竟是不可行还是无界）
6 Local Optimum（局部最优）
7 Locally Infeasible（局部不可行）
8 Cutoff（目标函数达到了指定的误差水平）
9 Numeric Error（约束中遇到了无定义的数学操作）

十、其 他 函 数

@IF(logical_condition, true_ _result, false_result) 当逻辑表达式 logical_condition 的结果为真时，返回 true_result，否则返回 false_result

@WARN('text', logical_condition) 如果逻辑表达式"logical condition"的结果为真，显示 text'信息

@USER(user_determined_arguments) 允许用户自己编写的函数（DLL 或 OBJ 文件），可能应当用 C 或 FORTRAN 等其他语言编写并编译

参 考 文 献

[1] 司守奎,孙玺菁. LINGO 软件及应用[M]. 北京:国防工业出版社,2017.
[2] 李汉龙,隋英,等. Mathematica 基础培训教程[M]. 北京:国防工业出版社,2016.
[3] 同济大学数学系. 工程数学线性代数[M]. 5 版. 北京:高等教育出版社,2007.
[4] 胡运权. 运筹学习题集[M]. 北京:清华大学出版社,1999.
[5] 李汉龙,缪淑贤,等. 数学建模入门与提高[M]. 北京:国防工业出版社,2013.
[6] 李汉龙,缪淑贤,等. Mathematica 基础及其在数学建模中的应用[M]. 北京:国防工业出版社,2013.
[7] 李尚志,陈发来,等. 数学实验[M]. 北京:高等教育出版社,1999.
[8] 同济大学数学系. 高等数学(上、下册)[M]. 7 版. 北京:高等教育出版社,2015.
[9] 邱忠文. 高等数学习题解答与自我测试[M]. 北京:国防工业出版社,2010.
[10] 《运筹学》教材编写组. 运筹学[M]. 北京:清华大学出版社,1987.
[11] 王保伦,石维明,车永才,等. 矿业实用运筹学[M]. 沈阳:东北工业学院出版社,1991.
[12] 谢金星,薛毅. 优化模型与 LINDO/LINGO 软件[M]. 北京:清华大学出版社,2005.
[13] 胡运权. 运筹学习题集[M]. 北京:清华大学出版社,1999.